高等学校"十二五"规划教材

产品设计概论

主　编　佟　强

副主编　于巍巍

哈尔滨工业大学出版社

内 容 简 介

本书基于现代产品设计的学科特点，突出现代产品设计所涉及的系列问题，从设计分类、设计特征、设计历史、设计程序和方法、设计师等方面，系统全面地介绍产品设计所涉及的各个方面。本书内容包括设计的多重特征、近代设计的历史、现代设计运动、设计类型、设计师、设计的程序和方法等方面的问题，理论方法与实践并重，特别强调在课题制作过程中对设计基础理论知识的传授，图文并茂。

本书可作为高等院校工业设计及产品设计专业的实训教材，也可作为相关领域专业人士的学习参考书。

图书在版编目（CIP）数据

产品设计概论/佟强主编. — 哈尔滨：哈尔滨工业大学出版社，2014.5
ISBN 978-7-5603-4699-1

Ⅰ. ①产… Ⅱ. ①佟… Ⅲ. ①产品设计－高等学校－教材 Ⅳ. ①TB472

中国版本图书馆 CIP 数据核字（2014）第 093775 号

责任编辑 贾学斌
出版发行 哈尔滨工业大学出版社
社 址 哈尔滨市南岗区复华四道街 10 号 邮编 150006
传 真 0451-86414749
网 址 http://hitpress.hit.edu.cn
印 刷 哈尔滨工业大学印刷厂
开 本 787mm×1 092mm 1/16 开 印张 10.25 字数 258 千字
版 次 2014 年 5 月第 1 版 2014 年 5 月第 1 次印刷
书 号 ISBN 978-7-5603-4699-1
定 价 28.00 元

前　言

设计是一种把人类愿望变成现实的创造性行为。

产品设计是一个将人的某种目的或需要转换为一个具体的物理形式或工具的过程，是把一种计划、规划设想、问题解决的方法，通过具体的载体，以美好的形式表达出来的一种创造性活动过程。

产品设计是一个集艺术、文化、历史、工程、材料、经济等各学科知识的综合产物。产品设计主要协调产品与人之间的关系，实现产品人机功能和人文美学品质的要求。产品设计不同于一般的艺术设计，也不同于传统的工程设计，如何在理性与非理性的矛盾之间解决设计问题，是产品最终的体现形式。产品的设计涉及很多方面的问题，在学习过程中要了解产品的设计历史，熟悉产品的设计方法和程序，要掌握设计师所必需的能力和责任，而且要有对产品进行正确评价的能力等。基于这些，特编写此书，使学生了解和掌握产品设计的一些基础理论，为学生进行专业学习展开铺垫。

2012年，教育部新的本科专业目录出台以后，将"产品设计"作为设计学的一个二级学科而设立专业，将产品设计作为教育体系确立下来，充分体现了产品设计在设计学专业教育体系中的作用。本书就是在这个前提下，通过大量图片的理论阐述和注解，来详细介绍产品设计所涉及的理论、技能、方法及要求等，以充分调动学生的学习兴趣。本书可作为高等院校设计类专业学生的教材，也适合高职、大专设计类学生，尤其可作为非设计专业学生开设选修课程的教材或参考书。

本书在编写过程中得到了哈尔滨理工大学张莉教授、哈尔滨工程大学朱世范教授的悉心指导和关心，针对编写内容提出了宝贵的意见和建议，在此表示衷心的感谢！

本书的第一章、第三章、第六章由于巍巍编写，第二章、第四章、第五章、第七章由佟强编写，全书由佟强统稿主编。

由于编写人员水平有限，书中难免有疏漏及不妥之处，敬请各位专家及广大读者给予批评指正。

编　者
2014年1月

目　录

第一章

概　述

第一节　何谓设计

一、设计的概念

设计这个词，是由英文翻译"design"这个词而来。日文在翻译"design"这个词时除了使用"设计"这个词以外，也曾用过"意匠"、"图案"、"构成"、"造型"等汉字所组成的词来表示"design"。

所以，我们在了解什么是"设计"时，可以先对这些词来解释一番："design"源于拉丁文，有"做记号"之意。16 世纪起源于意大利 desegno，最初被用于描述与艺术有关的事物，意思是"将计划表现为符号，在一定的意图前提下进行归纳"，后被法文、英文所用。英文中有大写字母开头的 Design 和小写字母开头的 design 之分；在美国专利文献上，小写字母开头的 design 相当于"图案"，大写字母开头的 Design 相当于"意匠"，稍有微妙的差别。在《朗文英汉双解词典》中，对 Design 有这样的解释：作为动词有设计、绘制、计划、谋划、预定的意思；作为名词有计划、设计图、图样、图案、图样设计、美术工艺品的设计、装饰图案的含义。《实用英汉词典》对英语 Design 一词的解释是作为动词有设计、立意和计划的含义；作为名词有计划、草图、图案、风格和心中的计划等意思。

日文里汉字的"意匠"即指"意念加工"之意，认为"design"乃是从事意念加工的工作。"图案"则相对于"文案"，文案是指以"文字"做说明；图案则是指以"图"做说明，也就是制图，而后则泛指能达成具有表达意义的图形生产活动。

　　日文里汉字的"构成"则指东西的组合（包括文章、图像、事件等），追求形式的精确性与美感性的活动。"造形"则是指"形"的生成，也就是环境、形体、形象的营造。

　　日文里汉字的"设计"指设定具体目标后，依"计画"以（制造）实物来达成目标。不过"设计"这两个字，用中文来解释，则更有意思。在《说文解字》中，"设"、"计"二字的字义如下：

　　设：施陈也，从言役。役，使人也。"设"，就是陈列摆设的意思。言，指以语言完成。役，转意为使役。从言字旁与役，是表达以言语，来使役人的意思。

　　计：会算也。从言十。计就是合计、计算的意思。言指思考。十，指具体的数（相对于抽象的数）。从言字旁与十，是表达以思考、以言语来完成具体的数的计算。

　　所以，"设计"以中文来讲，则有人为设定，先行计算，预估达成的含意。这样的定义其实就是另一个在中文里更常用词："营造"。而"营造"一词在日文里又称"建筑"或"造屋"。而目前中文里的"建筑"一词则是日文以汉字翻译"architecture"一词而来，并传回中文里成为日常用语；就如同"设计"一词是日文里翻译"design"（以汉字为字形）一词而来，并传回中文里成为日常用语一样。

　　不过如果从西方设计的发展来看，在现代设计兴起之前，设计不只等于建筑，也等于艺术。特别是在西方艺术史与皇家艺术教育学院课程里，从文艺复兴开始，就慢慢地形成以建筑专业技艺为首，并结合绘画专业技艺与雕塑专业技艺的承传，三者合称为造型艺术，合称为"设计"。

　　我们从这个角度就比较容易了解"设计就是指具有美感、使用与纪念功能的造型活动或营造活动"的定义与解释了。

　　另一方面，自从 19 世纪工业革命之后，纯手工生产的艺术（绘画、雕塑）就逐渐与建筑设计、海报设计或产品设计区分开来。前者以手工制作，一次作一个；后者以机械生产，同样的东西可以生产几十个、几百个、几千个。而将前者称为纯美术与手工艺，而将后者称为"设计"。无论怎么区分，纯美术也好、手工艺也好、建筑也好、设计也好，都需要符合"具有美感经验、使用功能、纪念功能"的条件。

　　设计是人类为了实现某种特定的目的而进行的一项创造性活动，是人类得以生存和发展最基本的活动，它包含于一切人造物的形成过程之中。从这个意义上来说，自人类有意识地制造使用原始工具和装饰品开始，人类的设计文明便开始萌芽了。

　　设计起源于人类文明产生之初。我们可以在博物馆的展柜中看到原始先民们创造出的生活器具，哪怕仅仅是一只骨针或是一个陶罐，都完全地展示出设计的智慧。因为在这些器物中包含着人类对功用和美的最质朴的追求。设计作为人的一种有意识的行为活动，是人区别于动物的根本特征之一。

　　在磨制石器时代，经过磨制的精制石器显示了卓越的美感和制作者对于形的控制能力，如图 1.1 所示。原始社会时期制出的精致的片状石器，并不仅仅是因为悦目生产出来的，而是本身在使用中被证明是有效的。将使用与美观结合起来，赋予物品物质和精神功能的双重作用，是人类设计活动的一个基本特点。

人类的器物制作活动已有漫长的历史，设计的某些特征在原始先民所制作的劳动工具、日用品、狩猎武器以及居住环境中就已经呈现出来，并使这些器物的形式和功能性达到当时技术条件所允许的最大的限度。最早制作骨针、石斧、石刀和弓箭的原始先民，是人类第一批设计师，是身兼工匠和艺术家双重身份的"设计师"。这与几千年后，上世纪初期包豪斯学校提出的"艺术家和工匠之间并没有本质的不同"是一致的，"虽然艺术无法教会，不过工艺和手工技巧是能够传授的"。

图 1.1 新石器时代磨制石器——石斧

生产事业是所谓的一切文化形式的命根，是最基本的文化现象，是一切文化现象产生的母体和本源。原始先民在生活和劳作的过程中发现了劳动本身和劳动工具之间的关系，即劳动工具的制作必须满足于劳动本身，例如，通过劳动他们发现石斧的刃部应该尖一些，这样更有利于砍凿树枝；陶瓶的口部小一点有利于保护水不易溢出，而马家窑的尖底瓶更向我们展示出仅陶瓶底部的设计就能使这个陶瓶具有更多的使用价值。更为可贵的是这些陶器上的纹饰已经展现出如此丰富的审美特征，并且这些具有强烈韵律美和节奏快感的抽象纹样还蕴含着对自然物的解释和丰富的精神意义，如图 1.2 所示。

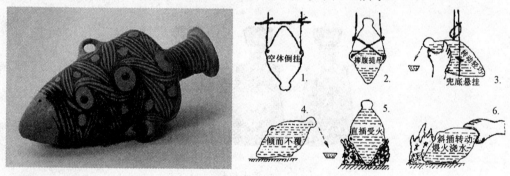

图 1.2 甘肃马家窑尖底瓶（距今五千七百多年的新石器时间晚期）

总之，设计就是设想、运筹、计划与预算，它是人类为实现某种特定目的而进行的创造性活动。关于设计的定义，其含义非常宽泛，定义多种多样，国内学者杨砾、徐立新著的《人类理性与设计科学》一书中，列举了关于艺术设计的 11 条定义，其中，有一条认为：设计是"使人造物产生变化的活动"。这定义，不仅适用于工程师、建筑师及其他专业设计人员的工作，而且适用于经济计划者、立法者、管理者、社会活动家、应用研究者、抗议者和政治家的活动，适用于形式上和内容上从事改变产品、市场、城市、服务机构、公众舆论、法律等的活动，甚至还适用于经受压力的集团的活动。

二、设计的社会角色

思考设计的社会角色，可发现：

（1）有人将设计当作是促销商品的一种手段；

（2）有人则是为了引起别人注意，把制作新奇产品当作设计的目的；

（3）有的则将美术馆、博物馆收藏的艺术作品或绘画、雕塑等视为艺术，而将设计看成次要的。

可以说以上的用途及目的都是不恰当的，设计固然有起着促销、吸引人或提高艺术格调之作用，但更核心的内容是附于设计的实用性，如图 1.3～1.11 所示。

图 1.3　亨氏食品包装

图 1.4　可口可乐经典包装

图 1.5　香水包装

图 1.6　Deli Garage 巧克力　西班牙

图 1.7　大米包装　美国

图 1.8 雅各布森 蛋椅 天鹅椅

图 1.9 德雷瑟 茶壶

图 1.10 阿莱西 榨汁机

图 1.11 丹麦 aria Berntsen 鸭子水壶

以上这些作品给予人美的感受和舒适的适用性，说明设计前应事先了解该地域及时代民众究竟需求什么，然后才能反映这些需求的"物、资讯、环境"并具体地表现出来。

巴巴雷特曾说：以拙劣的设计物和构造物来污染地球的行为，应立即停止。

"每个人都是设计家"、"可创造更有意义的产品，而有意识地向目标努力，这才是设计"。巴巴雷特的这些表述将设计的希望寄托在了"和谐"上。

自 1760 年第一次产业革命在英国开始，到 1851 年展示初期机械文明的伦敦万国博览会，以及从英国威廉·莫里斯发起的"手工艺运动"，亨利·凡·德·威尔德发起的比利时"新艺术运动"，"德国工业联盟"的成立，格罗佩斯创办的包豪斯，美国工业设计体系的确立，直至今日工业设计，工业设计已成为世界各国参与国际贸易竞争的重要手段。它已以无法评估的能量，促进了世界各国经济的飞跃发展，并创造了人类新的生活方式，满足了人的物质和精神生活的需求。

近年来设计界提出"为人类的利益设计"，设计不再局限于小环境、小团体、少数人。这里的人类是指全体人们，设计不能只满足一部分人的需要。这里的"利益"是指全面的、长远的利益，而不是暂时的、片面的，仅益于这一方面，而不利于另一方面，仅益于今天的利益而有害于将来的利益。设计要面向社会，关注人们的生存状态，关注人们的真实需要，为社会设计，为人类的长远利益设计。

第二节　工业设计

一、工业设计的意义和范围

1. 工业设计的基本概念

设计的概念已有很长的历史，它的基本内容是以一定的物质手段创造具有实用价值的物品的计划和构想。可以说，人类的设计活动从祖先学会制作工具时就开始了，几乎与人类的生活史同样渊长。

设计关注于工业化，但不只是关注生产时用的几种工艺所衍生的工具、组织和逻辑创造出来的产品、服务和系统。限定设计的形容词"工业的（industrial）"必然与工业（industry）一词有关，也与它在生产部门所具有的含义，或者其古老的含义"勤奋工作（industrious activity）"相关。也就是说，设计是一种包含了广泛专业的活动，产品、服务、平面、室内和建筑都在其中。

工业设计是指以工业产品为对象的造型设计，它有别于手工业产品或工艺美术品的设计。工业设计是指人类在大工业生产方式中实用品的创造活动，它的根本任务是为大批量生产的产品的功能、材料、结构、构造、工艺、形态、色彩、表面处理以及装饰等诸因素，从技术的、经济的、社会的和文化的各种角度做综合研究、处理和创造，以确定一种能满足人类现代和将来生活需要的物质形式。

工业设计不同于工程技术设计，它包含着美的因素，是以机械技术为手段的造型活动。但是工业设计又不能单纯地理解为只是产品的美观设计，尽管设计是一种以视觉感受为基础的工业产品的造型活动，是一种形态的生成、变换和表达。但是在造型活动中，要求对生产、对人体科学、对社会科学以及设计方法论等都要有一定的研究。

显然，作为一门学科，工业设计集中体现了当今新型学科的综合性特征，它是科技、艺术、经济、社会诸因素的有机结合，涉及应用物理学、工业学、材料科学、数学、价值工程学、系统工程学、销售学、生理学、心理学、人体工程学、环境行为学、管理学、环境生态学、美学、社会学以及历史文化研究等多种学科。

综上所述，我们可以将工业设计的概念分为广义和狭义两个定义：

广义工业设计：为达到某一目的，从构思到建立一个切实可行的实施方案，并用明确的手段表示出来的系列活动。

狭义工业设计：针对人的衣、食、住、行、用相关的产品的功能、材料、构造、工艺、形态、色彩、表面处理、装饰等因素，从社会、经济、技术的角度进行综合设计。

2. 工业设计的若干定义

以下是国际上各种机构或组织给出的工业设计概念和定义以及所涉及的内容。

（1）国际工业设计协会理事会（International Council of Societies of Industrial Design，ICSID）。

1957 年，世界上 60 多个国家成立了国际工业设计协会理事会（ICSID），由于各国的国情不同，对于工业设计的认识也就不同，因此曾多次给工业设计下过定义，在 1980 年，国际工业设计协会理事会（ICSID）在法国巴黎的第 11 次年会修改后的工业设计的定义："就批量生产的产品而言，凭借训练、技术知识、经验及视觉感受而赋予材料、结构、构造、形态、色彩、表面加工以及装饰以新的品质和规格，称为工业设计。根据当时的具体情况，工业设计师应在上述的全部或几个方面进行工作，而且，当需要工业设计师对包装、宣传、展示、市场开发等问题的解决付出自己的技术知识和经验以及视觉评价能力时也属于工业设计的范畴。"

根据这个定义，几乎一切由机械批量生产的产品都涉及工业设计范畴。

（2）美国工业设计协会（Industrial Designers Society of America, IDSA）。

工业设计是一项专门的服务性工作，为使用者和生产者双方的利益而对产品和产品系列的外形、功能和使用价值进行优选。

这种服务性工作是在经常与开发组织的其他成员协作下进行的。典型的开发组织包括经营管理、销售、技术工程、制造等专业机构。工业设计师特别注重人的特征、需求和兴趣，而这些又需要对视觉、触觉、安全、使用标准等各方面有详细的了解。工业设计师就是把对这些方面的考虑与生产过程中的技术要求，包括销售机遇、流动和维修等有机地结合起来。

工业设计师是在保护公众的安全和利益、尊重现实环境和遵守职业道德的前提下进行工作的。

（3）加拿大魁北克工业设计协会（The Association of Qucbec Industrial Designers）。

工业设计包括提出问题和解决问题两个过程，既然设计就是为了给特定的功能寻求最佳形式，这个形式又受功能条件的制约，那么形式和使用功能相互作用的辨证关系就是工业设计。

比较上述三个定义，可知国际工业设计协会理事会主要指出工业设计的性质；美国工业设计师协会除此之外，还谈到了工业设计与其他专业的联系，以及进行工业设计所必须考虑的问题；加拿大魁北克工业设计师协会则指出了工业设计中产品外形与使用功能的辩证关系，强调工业设计并不需要极高的艺术天赋和天才，而是为了满足人们需要所进行的人类活动。

（4）2006 年国际工业设计协会理事会。

目的：设计是一种创造性的活动，其目的是为物品、过程、服务以及它们在整个生命周期中构成的系统建立起多方面的品质。因此，设计既是创新技术人性化的重要因素，也是经济文化交流的关键因素。

任务：设计致力于发现和评估与下列项目在结构、组织、功能、表现和经济上的关系。

① 增强全球可持续性发展和环境保护（全球道德规范）给全人类社会、个人和集体

带来利益和自由。

② 最终用户、制造者和市场经营者（社会道德规范）。

③ 在世界全球化的背景下支持文化的多样性（文化道德规范）。

④ 赋予产品、服务和系统以表现性的形式（语义学）并与它们的内涵相协调（美学）。

3. 工业设计的范围

工业设计牵涉的范围极其广泛，几乎涉及每一种现代生活的使用工具，渗透到当代物质生活的每一个角落。非但如此，工业设计还在前所未有的新领域中不断拓展空间，工业设计发展所呈现的，不仅是传统产品的不断更新，还是众多新概念产品的层出不穷，如图1.12～1.21所示。因此，对工业设计涉及的范围做严格限定是困难的，对这几乎包罗万象的活动的分类也是说法不一。大致来讲，对于现代生活中具有一种或多种功能的，并可独立为人使用的，主要由机器制造的产品设计都可归入工业设计。但工业设计不等同于产品设计，它包含了对产品的设计条件、产品的形成以及产品所产生的影响和作用的全面研究和控制。视觉传达是介绍、推广产品的辅助设计，起到宣传产品、开发市场的作用；而环境设计则是对形成特定场所的产品产生协调和控制作用。从这一点上看，视觉传达和环境设计也是工业设计的组成部分。

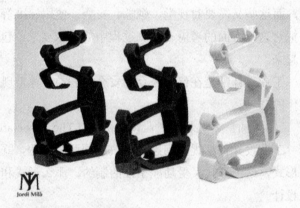

图 1.12 霍尔迪米拉 智慧树书架

图 1.13 UFO 烛台

图 1.14 折纸台灯

图 1.15 休闲椅 EASY CHAIR

图 1.16 花瓶　弗尔维奥·比昂科尼

图 1.17 便携式电视机 马可·扎奴索、里查德·萨帕　图 1.18 台灯 意大利新城市政建筑事务所

图 1.19 座垫　斯特隆小组

图 1.20 GRILLO 电话 马可·扎奴索

图 1.21　WINK 躺椅　喜多俊之

　　工业设计的历史并不渊长，它是人类跨入工业文明后逐步形成的，近代西方工业革命带来的机械化大生产和劳动分工是导致其产生的根本原因。工业设计成为一门独立学科是20 世纪 30 年代的事情，从 30 年代起，工业设计(Industrial design)一词首先在美国开始普遍使用，1957 年世界工业设计协会成立，工业设计才真正有了相对公认的定义。不过，在这短短的 100 多年的时间里，工业设计为人类生活带了巨大的改变，并把手工业时代的世界远远地抛在了后面。

二、工业设计的基本内涵

　　功能、技术、美学构成了人类实用品创造的最基本要素，工业设计的基本要素也由此构成。然而，工业设计标志着人类设计活动步入一个新的时期，迈向一个新的高度，因此，它又包含了比以往任何历史时期更为丰富和特殊的内涵。

　　工业设计的物质基础是现代科学技术，工业设计首先是在大工业的基础上成长的，它要求产品用现代化的生产方式，即符合机械化、批量化、标准化和系统化的生产技术特征。不仅如此，由于科学技术正沿着自身轨道迅猛发展，从瓦特蒸气机的发明到如今电脑技术的突飞猛进都清楚地表明，现代人类对科学技术的探索热情是永无止境的，这些不断出现的新技术总是试图对人类自身生存行为产生影响。而工业设计更重要的使命是寻找各种更合理、更巧妙以及更符合人性的方式，使那些新技术真正转变成为人类的生产实践和日常生活服务的物质产品。因此，工业设计是现代社会中连接人与技术的桥梁。

　　工业设计在为现代人创造更加优质的物质生活，它在如何使一种实用品达到更安全、更合理和更有效的使用功能上所达到的精深设计和科学水平是以往不可想象的。更有意义的是，工业设计走出的每一步，又始终与现代人的生活方式产生对话。交通工具的发达对人类生活的冲击是最大的，它几乎完全改变了人们的时空观念和生活方式，如汽车的普及使得不少人形成了一种城市工作——郊区居住的生活模式。电视机的出现也引起一场家庭生活的革命，即电视机进入家庭后起到了代替传统家庭壁炉的作用而成为可聚集家庭成员的新中心。互联网的出现，更是从根本上改变人们的生活和工作方式。因此，工业设计既是满足功能需要的过程，从本质上看也是创造生活方式的过程。

工业设计的每一项实践又无不渗透着美的创造。一件产品的技术先进和功能合理不能完全作为判断优秀设计的价值标准。对待实用品，人类从未放弃过超越功利性的艺术追求，工业产品更是如此。自近代以来，即使再先进的发明产品，人们也从未对其诞生时所用的技术决定的形象满意过，而寻找更幽雅形式的改进设计却始终进行着。不仅如此，工业设计还联系着现代社会广大群体的一系列价值观念，产品往往成为表征某种生活方式的象征，并包含着联系人们情感的种种含义。20 世纪 80 年代初，当英国电话通讯部欲将街头传统的红色电话亭改为一种全新的现代形式时，却引起一些公众的强烈抗议。他们全然不顾新的设计在使用上的更加先进，只为失去一种久已熟悉且已成为强烈标志的形象感到惋惜。因此，美的创造是至关重要的，并且是复杂的，也是一个时代价值观念的综合表现。而工业设计最突出的特征，就是要在职业和大众之间——个体和群众之间做出平衡和抉择。

如果把工业设计视作商业活动之一环，一个能被广大消费者接受的创意才是设计之真正目标。

设计——人性的，更人性的。

我们的产品设计、企业形象设计、广告设计和环境艺术设计，充满了消费主义、物质享乐主义和泡沫经济的影响，这些都是西方发达国家已经走过的老路。

先进的技术只有通过工业设计才能转化为产品，所以工业设计是科技进步的龙头。

成功的设计，在物质方面而言，必须符合实用、方便、经济及质优等原则；而在精神方面则必须具备美观、有品位、富创意和风格独特等条件。由此可见，要成为一位设计师，实非易事。

工业设计是促进新产品开发和提高产品附加值的重要手段，因此，加速推进工业设计无疑对企业、对国家的经济发展将起到非常重要的作用。

设计是科技、经济、社会和文化交叉的学科，是非常强调物化的软科学、软技术，在教育和文化上形成独特的体系，一个全新的产业化前景正在我们面前展开。

21 世纪是信息与数字科技革命的时代，对人类生活方式、人类使用的工具"产品"以及生产产品的产业形态，均将带来革新性的变化。我们不难察觉，上述三项互为因果的变化却是我们"工业设计"功能应用的关键所在。

工业设计是竞争力的源泉，是资源的核心，是为产品塑造"人性"与"灵性"的基础工程。

设计的真正内涵是正面表达科技与人类生活两方面的接触形态，同时又要使之相互影响，不断升华，并最终以不断的创造使两方共同发展。

我们面临的跨世纪的经济变革要求中国工业设计的转型必须直指生产力的提升和本土文化资源的开发，只有这样，工业设计才有其生命力可言，才有其价值可言。

在今天的全球经济中，最精明的公司利用工业设计作为其战略和竞争手段在激烈的市场中吸引人们对其产品的注意力。工业设计也可以帮助创造出成本更低、更易于生产同时对消费者来说更简便、更有吸引力的产品。

传统的工业设计反映的是传统工业经济时代的经济特征，而面向 21 世纪的工业设计则应该反映知识经济时代的经济特征。

无论是基础科学成果还是应用科学成果，使之从理论转化为效益，都离不开设计。

三、工业设计的存在方式

在机械化生产不断普及以后，制造业从原始的、简单的、而且是默默无闻的后台，站到了涉及产品的需求、制造和销售等支配人类生活的显赫位置，作为劳动分工而产生的工业设计自然成为连接产品需求与制造的中间环节。随着工业规模的不断扩大，提升市场竞争力越来越成为制造业获取经济优势的必然途径，工业设计在其中的作用也日益重要。可以说，在现代社会中，工业设计是在企业利益和市场需求之中建立起了稳固的存在方式。世界著名大企业，如 IBM、意大利的奥列维蒂、卡西纳、日本的索尼、松下等，都以其特有的优质产品占据了世界贸易市场的重要地位，而在其中，工业设计的作用是很重要的。竞争刺激设计的发展，设计又刺激了消费市场，工业设计在此环境中生存，而其真正的意义都是在这过程中不断地为产品与技术、产品与人、产品与社会之间建立起和谐的关系。

工业设计是以工业产品为主要对象，综合运用科技成果和社会、经济、文化、美学等知识，对产品的功能、结构、形态及包装等进行整合优化的集成创新活动。作为面向工业生产的现代服务业，工业设计产业是以功能设计、结构设计、形态及包装设计等为主要内容。与传统产业相比，工业设计产业具有知识技术密集、物质资源消耗少、成长潜力大、综合效益好等特征。作为典型的集成创新形式，与技术创新相比，工业设计具有投入小、周期短、回报高、风险小等优势。作为制造业价值链中最具增值潜力的重要环节，工业设计对于提升产品附加值、增强企业核心竞争力、促进产业结构升级等方面具有重要作用。

第二章

设计的多重特征

第一节　设计的艺术特征

一、设计与艺术的渊源

1. 艺术的范畴和内涵

"艺术"（Art）一词源于拉丁语"Ars"，是指一种技艺或者技能。艺术，希腊语作 teche，有技能和技巧的意思。在古代，艺术不仅和美与道德有关，同时还和实用有关。中国古代以礼、乐、射、御、书、数为"六艺"，日本也将香道、茶道、歌舞、乐曲称为游艺。在西方，艺术的美学观是渐渐出现的，艺术是一个涉及历史范畴的概念。

（1）艺术的范畴

① "技艺"时期。古希腊、古罗马时期，艺术只是指一种"技能"或者"手工操作技巧"。

公元 1 世纪，罗马修辞学家昆提连（Marcus Fabius Quintilianus，约公元 35～95）的艺术分类："理论的艺术"、"行动的艺术"和"产品的艺术"。

中世纪，神学家托马斯·阿奎那的定义"理性的正当秩序"，出现了"自由艺术"，分类包括：文法、修辞学、辩证学、辩证法、音乐、算术、几何学和天文学。史考特则认为艺术是"一种正确观念的产物"以及"一种建立在真实原则之上的制作能力"。

文艺复兴时期，"艺术"的古老含义也被重新恢复，艺术家等同于工匠。

　　著名的大艺术家也作为工匠进行着产品设计。如达·芬奇曾经设计过飞行器和自行车，如图 2.1 所示。米开朗基罗也设计建造了圣彼得大教堂，如图 2.2 所示。

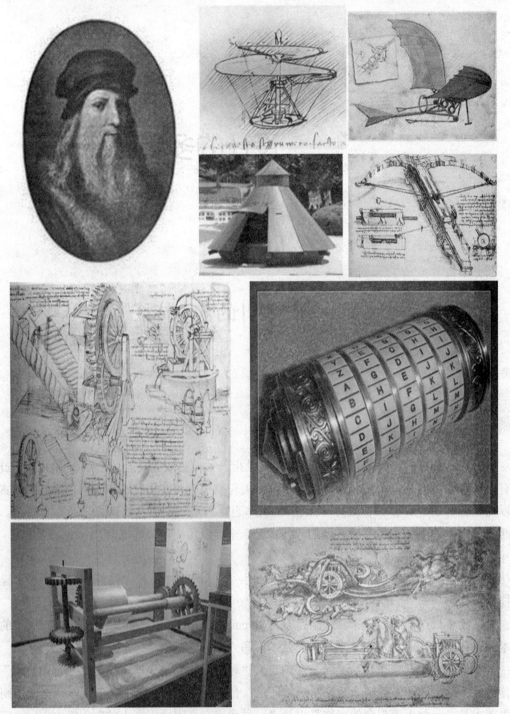

图 2.1　达·芬奇（1452～1519）和他的艺术设计

图 2.2　米开朗基罗（1475～1564）和他的艺术设计

　　中国的文字"艺"在甲骨文中，是指一种种植技术，如图 2.3 所示。先秦时期的六艺，多是指技能的东西。

甲骨文　　　　　金文　　　　　小篆

图 2.3 汉字"艺"的演变

② 艺术与工艺技术的分离。明朝之后，随着自然技术的发展，技艺性的工作和纯艺术性的工作逐渐分离，而艺术这个词则专门用来指音乐、文学等纯艺术的形式。

1747 年，法国学者巴托《简化成一个单一原则的美的艺术》，明确了"美的艺术"这个概念，并把它系统化，把艺术定义为"模仿的艺术"。把艺术分实用艺术和美的艺术，以及一些结合了美与功利的艺术。

18 世纪后期，美学理论建立，"艺术"的概念更多被限定在纯艺术的范围内，并且和人的最高精神领域相关。

黑格尔的艺术论：我们所要讨论的艺术无论是目的还是手段，都是自由的艺术。艺术是纯精神化的东西，是理念的转化。（《美学》）

克罗齐的艺术论：艺术是诸印象的表现。（《美学原理：美学纲要》）

③ 艺术的符号学说。英国史学家、哲学家柯林伍德："艺术即想像"，"艺术并不是一种技艺，而是情感的表现"。英国视觉艺术评论家克莱夫·贝尔："艺术是有意味的形式"。

恩斯特·卡西尔将艺术定义为一种符号（《符号形式的哲学》）。

苏珊·朗格："艺术是人类情感的符号形式的创造"，"在艺术中，形式之所以被抽象，仅仅是为了显而易见，形式之所以摆脱其通常的功用——充当符号，以表达人类的情感"（图 2.4）。

图 2.4 鲁宾之杯

④ 科学美学。托马斯·门罗［美］："艺术作品是人类技艺的产品"。

艺术品同时具有美感和实用的功能性（图 2.5、2.6）。

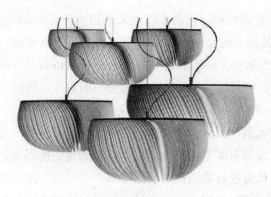

图 2.5 灯具设计

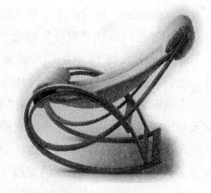

图 2.6 GARSUL　摇椅

（2）艺术的内涵

① 泛指六艺以及术数方法等各种技术技能；

② 通过塑造形象以反映社会生活而比现实更有典型性的一种社会意识形态；

③ 富有创造性的方式和方法。

艺术设计中的"艺术"具备了以上三个方面的内涵。还具有一个复杂的现象，既有精神的产品，也包括精神性和物质性结合的产品，艺术中必然包含技艺的成分。因此，所谓的艺术应当包括美的艺术和实用艺术，如图 2.7 所示。

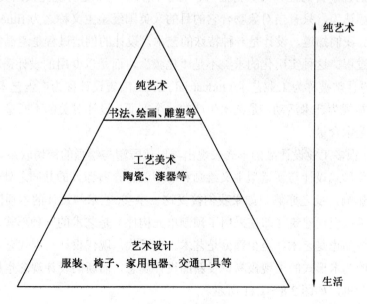

图 2.7 艺术的金字塔

2. 设计的内涵

设计 "disegno" 概念产生于意大利文艺复兴时期。在艺术的定义最初系统地形成时，设计一词的界定同现代 "设计" 概念一样，其涵义时宽时窄。设计最初的意义是指素描、绘画（drawing），如 15 世纪的理论家弗朗西斯科·朗西洛提（Francesco Lancilotti）就将设计、色彩、构图及创造并称为绘画四要素。切尼尼（Cennini）也有类似的论述，称设计为绘画之基础。瓦萨里（Vasari）将 "设计" 与 "创造" 概念相对，称二者为 "一切艺术" 的父亲与母亲。设计指控制并合理安排视觉元素，如线条、形体、色彩、色调、质感、光线、空间等，它涵盖了艺术的表达、交流以及所有类型的结构造型。设计的宽泛的涵义，则包含了艺术家头脑中创造性的思维（常被认为在画素描稿时就酝酿着）。因此，波迪内奇（Baldinuecci）将设计定义为 "事先在心中酝酿，在想象中已描绘出结果，并能通过实践使之成为现实的可视物。" 设计这个词历来带着一定的神秘性。柏拉图 "理念" 或 "原型" 关于创世与艺术创造活动之间存在某种相似之处的说法，使 "设计" 被赋予了一种神秘力量，而正是这种力量决定了艺术家之不同于工匠。设计被认为是以某种手段和可得到的材料，为如何完成一件艺术品而进行运筹、计划的过程。

二、设计的艺术含量

设计的艺术性质在康德（I.Kant，1724～1804）以及更早的英国经验主义哲学中可以找到理论基础。康德认为美有两种，即自由美（Pulchritudo aga）和依存美（Pulchritudoadhaereus），后者含有对象的合乎目的性。对康德而言，合乎目的是一个更有优先权的美学原则，它与功能相近。康德认为，只有当对象吻合它的目的（英国经验主义称之为 fitness），它才可能成为完美的。我们知道，设计是一种特殊的艺术，设计的创造过程是遵循实用化求美法则的艺术创造过程。这种实用化的求美不是 "化妆"，而是以专用的设计语言进行创造。在西方，工业设计常被称为工业艺术（Industrial Art），广告设计称为广告艺术（Advertising Art）等。设计被视为艺术活动，是艺术生产的一个方面，设计对美的不断追求决定了设计中不可或缺的艺术含量。

不可否认，很多工业设计品的形式表现出与现代雕塑与绘画的密切联系。包豪斯时期，结构主义的抽象形式设计与新造型主义绘画和雕塑就存在着惊人的共同之处。艺术对设计有着相当大的影响，反之亦然。如果我们接受这一事实，艺术与设计的本质区别便不复存在了。我们会承认现代建筑（即使采用了预制单元构件）是艺术的一种形式，于是我们也当承认工业制成品也是艺术，至少部分是艺术。在近代，现代设计与现代艺术之间的距离日趋缩小，新的艺术形式的出现极易诱发新的设计观念，而新的设计观念也极易成为新艺术形式产生的契机，如图 2.8～2.11 所示。

图 2.8 里特维尔德（Gerrit Rietveld）的红蓝椅

图 2.9 潘顿儿童椅

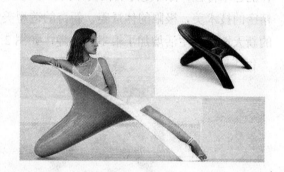

图 2.10 兰花椅

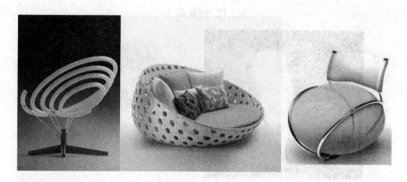

图 2.11 创意椅子

　　是什么力量在推动设计对艺术的执着追求呢?是社会的政治、经济、军事、科学技术共同的力量,是艺术和设计自身的力量,归根到底是人的需求。人在生存温饱之后,追求发展和进一步的满足,包括物质享受与精神世界的满足。生活应当美好,性格需要表现,成就追求承认,地位期盼彰显,权力企望膨胀。这一推动历史发展和社会进步的力量,也就是促使艺术与物质生产分离,走上了纯艺术的道路的力量。这一力量同时导致古往今来的物质技术产品具有艺术的内涵。当设计解决了物质技术产品的技术课题与使用功能的问题,艺术便成为它永无止境的追求。

　　在今天,设计不仅以科学技术为创作手段,如电脑辅助设计,还以科学技术为实施基础,如材料加工、成型技术、能源技术、信息技术、传播技术等等。然而这并没有损害设计的艺术特性,反而使得现代设计具有了科技含量很高的现代艺术特性,如全新的材料美,精密的技术美,极限的体量美,新奇的造型美,科幻的意趣美等。这就为艺术拓展了大片的新天地,为生活增加了很多新情趣,如图2.12、2.13所示。

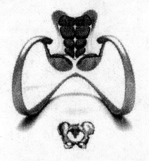 

图2.12 创意椅子

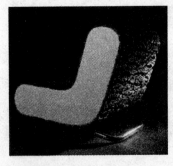 

图2.13 自然2.01(Nature v2.01)/肉椅(Meat Chair)

三、设计的艺术手法

　　设计的艺术手法主要有:借用、解构、装饰、参照和创造。

1. 借用

　　在设计中借用某句诗、某段音乐或者某个镜头、某一雕塑或其他艺术作品,借用艺术创作的思想与风格、技巧等,是设计的一种手法。这种手法使设计直接借用艺术的力量吸引、娱乐观众,达到感动观众、传播信息的效果,从而达到广告的目的,这是广告设计经常使用的手法。在设计中借用艺术作品营造特定的文化艺术空间,宣扬特定的精神主题,形成感人的人文氛围,这是环境设计的经常作法。只要借得巧妙,用得灵活,就能大大地提高设计的艺术品质,从而提高整个设计的品味与水平,如图 2.14 所示。

图 2.14 ECLISSE　台灯　维科·马吉斯特莱迪

2. 解构

解构是对设计极为有用的手法,以古今纯艺术或设计艺术为对象,根据设计的需要,进行符号意义的分解,分解成语词、纹样、标识、单形、乐句之类,使之进入符号贮备,有待设计重构。设计中有了这些艺术的或信息的符号,就有可能获得艺术的或信息的认同,进一步获得个性的和风格的力量,这是建筑、室内、家具、标志、包装、广告等设计的普遍作法。符号意义就是约定俗成的信息载体的意义。艺术符号意义就是普遍认同的艺术作品、艺术类型及艺术思想或艺术风格的表述与象征意义。只要解得典型,构得和谐与自然,就能鲜明显现出设计的文脉与创造价值,既合乎科学与艺术的发展规律,又合乎观众的接受心理与接受能力。

3. 装饰

在解决设计的艺术品质问题时,装饰是最传统又最常用的方法。彩陶和青铜器采用了装饰,建筑、服装、家具也采用了装饰,时至今日,科技最先进的电子产品外壳上也用了女性特征的纹样或童趣的形象作装饰。由此看来,装饰并不等于"罪恶",也不等于错误,关键在于使用是否恰如其分。好的装饰可以掩去设计的冷漠,增添制品的情感因素,增强设计的艺术感染力;好的装饰是设计不可分割的部分,只有多余的装饰才是可以随意增减的附件,如图 2.15 所示。

图 2.15 阿莱西 水壶

4. 参照

　　设计属于创造。在解决设计的艺术品质问题时，无论是借用、解构、装饰，都不能简单地模仿，而要表现出适度的创新，参照不失为一个简便又有效的方法。参照的对象是前人和当代的艺术成果或设计成果。参照的核心是形式借鉴，规律借用，由此及彼，举一反三。参照的关键是根据设计课题，寻求成功的范例，反复参详考察，找出规律和可变的环节，在基本规律或基本形式不变的前提下，使设计呈现新的艺术面貌。

5. 创造

　　在设计遇到开创性课题时，选用的材料、设备、技术、构造、外型等，都有可能是最新的科学技术成果，设计要实现的艺术和符号功能，也可能没有先例可寻，这时，设计只可能依靠创造方法，在实现物质、技术、经济等功能的同时，赋予设计对象以合适的艺术形式。包括特定的平面或立体空间形象；恰当的造型、色彩、材质与肌理的美感；精心处理的统一、参差、主次、层次以及平衡、对比、比例、节奏、韵律等审美关系，从而确保设计作品在科学技术的先进性，实用功能的可行性，艺术欣赏的完美性，经济价值的实现性上，达到和谐一致的境界。创造是设计艺术最根本的方法，是借用、解构、装饰、参照等方法的基础，如图 2.16～2.18 所示。

图 2.16 阿莱西产品设计 斯蒂凡诺·乔凡诺尼（Stefano Giovannoni）

图 2.17 香蕉船长开瓶器

图 2.18 阿莱西产品设计 斯蒂凡诺·乔凡诺尼（Stefano Giovannoni）

四、不同设计的艺术特征

我们以工业设计、广告设计和室内设计为代表，谈谈不同设计类型的艺术特征。

1. 工业设计的艺术特征

国际工业设计协会（ICSID）是这样定义工业设计的：就批量生产的工业品而言，凭借训练、技术知识、经验及视觉感受而赋予材料、结构、构造、形态、色彩、表面加工以及装饰以新的品质和资格，叫做工业设计。工业设计是技术与艺术的结合，同时受经济、环境、社会形态、文化观念等多方面的影响和制约。

为工业服务的设计由技术设计、经济设计、艺术设计共同组成，艺术设计只是其中的一个部分；但是工业设计中的艺术设计内容涉及项目的功能系统，包括实用功能、信息功能、审美功能等，其形式是产品的造型、用材、色彩、表面处理和装饰。

在造型上它追求完美的技术功能和操作功能，追求实用、信息、审美功能的结合，将造型的个性、独创性寓于应用的艺术风格，如民俗风格、文雅风格、豪华风格、流行风格等。总之，它追求形式的完美。在用材上它追求材料的应用与结构要求相符，材料的应用与功能要求相符，并且与生产工艺相宜以及与材料供应相宜；充分表现材料的本色美与工艺美。在色彩上，它要考虑如何充分利用材料的本色和表面处理的本色，选择最适当的颜料、涂料、油墨或染料，选择最理想的色料处理工艺，使之与造型、材料、使用功能、审美心理相宜，并表现出某种个性和风格。工业设计在产品表面处理方面强调艺术思维，即选择最佳处理工艺以表现和创造材料的肌理之美，从而达到理想的视觉效果。工业设计的装饰处理，主要是要求设计者将母题、纹样、色彩构成及功能与审美的协调等方面纳入思考范围，综合运用艺术手法让使用者接受产品，使产品与其功能一致，同时赋予产品风格的协调性，如图 2.19 所示。

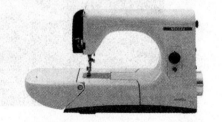

图 2.19 MIRELLA 便携式缝纫机 马尔切罗·尼佐利

2. 广告设计的艺术特征

广告指广为传播信息的行为过程，也指以媒体表现出来的传播信息的作品，如报纸广告、路牌广告、招贴广告、电台广告、电视广告等。这些作品由广告主提供资金，提出信息和目的要求，委托广告业设计、制作和发布。广告设计师接受委托之后，根据广告主的要求进行市场调查，开发信息资源，研究媒体状况并进行广告策划。在明确广告定位之后，提出广告创意，组织相关人员对信息筛选组织、提炼加工，然后转换成具体的文案、图形、乐曲、剧本，经过商定审查之后，形成视听觉的或其他形式的广告作品，由广告主认可之后交媒体发布。通过发布去接触广大受众，向他们传播信息，并希望其中一部分被定为广告目标的受众能注意这些广告，记住这些信息，从而产生兴趣，认识理解，培养欲望，给予信任，最后出现广告主所期望的购买行动，如图 2.20～2.22 所示。

图 2.20　bamba 休闲鞋

图 2.21　邮寄消防车的联邦快递

图 2.22　减肥产品广告

广告的艺术设计是整个广告生产的重要组成部分。它本身又可以划分为五个方面，即文学创作、美术设计、声学创作、表演设计和电脑制作。广告艺术设计的这五个部分在各自的创作、设计、制作及表演的设计过程中，都要努力完成以下四个任务。

（1）对广告主提供的信息进行筛选、提炼、组织、加工，使之适用于广告的艺术形式，从而创造优秀的广告艺术形象。

（2）使加工创造的广告艺术形象更容易避开媒体的制约，发挥媒体的特长。

（3）使媒体发布的广告艺术形象更能引起受众注意、记忆、理解、信任和偏好，并能产生期望的行动。

（4）使整个广告效果超过市场竞争中同行业的对手，并不断地推动广告艺术设计的进步，以及整个广告的进步。

3. 室内设计的艺术特征

室内主要指建筑物的内部，也指火车、飞机、轮船的内部。建筑物的室内有实体与空间之分，室内设计也分实体设计和空间设计。实体设计就是地面或楼面、墙体或隔断、门窗、天花板、梁柱、楼梯和台阶、围栏或扶手，以及接口与过渡，连同照明、通风、采光及家具和其他设备的设计。空间设计就是厅堂、内房、平台、楼阁、亭榭、走廊、庭院、天井等设计。室内的实体与空间是一对矛盾，它们互为对方存在的条件，又此消彼长，互相影响对方的形态与比例，以及主次、分割、组合等的统一与变化。因此，设计师在进行实体设计时，也同步进行了空间设计，反之亦然，如图 2.23 所示。

图 2.23　纽约 D.B.吉姆切尔西公寓室内设计

室内设计的艺术特征主要体现在：从艺术的角度为室内设计的实体、虚体、技术、经济诸方面提出解决美学问题的方案。如实体设计中，要从美学角度考虑地面、梁柱、门窗、家具等，包括布幔、地毯、灯具、花鸟植物的陈设以及艺术品的陈设等问题；而在空间的设计中要考虑一切空间的组合及其心理效果与艺术效果。针对不同建筑物，如商场、宾馆、办公楼、医院、剧院等具体特点做出处理，这种美学方案或艺术考虑涉及结构与功能的多个方面。因此，它要求室内设计师对于其设计对象必须有明确的设计目标和系统的设计计划，应与投资者沟通，共同商定设计的目标与计划。同时还要与建筑设计师沟通，征询建筑设计师对设计方案的意见，令室内设计与建筑艺术风格相协调，在建筑的基础上进行室内艺术空间的再创造。在整个设计过程中，强调把局部与整体、实体与空间、艺术形式与艺术功能、实用功能与审美功能结合起来，同时周密地考虑到诸如投资方、投资额、时间、人力资源以及设备技术、设计管理和材料供应、设计实施、使用需求等方面对艺术设计的制约因素。

五、艺术推动设计

艺术家参与设计研究，投入设计实践，可以推动设计进步。"现代设计之父"威廉·莫里斯（William Morris）是个典型例子，如图 2.24 所示。一个多世纪前的英国，工业革命取得成功，机器生产淘汰了手工业作坊，社会来不及为工业产品准备设计师，涌进市场的工业品粗糙、丑陋，附加着累赘的装饰。身为艺术家的莫里斯决心克服这个弊端，他组织了一批艺术家兴办工厂，开设商店，投入设计实践，发起了一场影响深远的工艺美术运动，设计出一批清新自然、美丽动人的家具、挂毯、壁纸、瓷器和书籍。他的设计经验为现代设计的诞生打下了基础，如图 2.25、2.26 所示。

图 2.24　威廉·莫里斯（William Morris）

图 2.25　红屋

图 2.26　莫里斯设计图案

设计师关注艺术，投入艺术研究，也可以推动设计进步。以布鲁尔（Marcel Breuer）为例，1920 年布鲁尔进入魏玛包豪斯学院学习，师从艺术家依顿和康定斯基，学习色彩与形体理论，接受色彩与形体的构成训练，这为他后来从事家具设计奠定了良好的基础。他从"阿德勒"牌自行车把手上得到启发，开创了钢管家具的设计，用钢管、皮革和纺织品为材料，设计出一大批功能良好、造型现代化的椅子、桌子、茶几等，如图 2.27 所示，受到各国市场的广泛欢迎。他的第一把钢管椅子是 1925 年产生的。为了纪念他和他的老师康定斯基之间的友谊,这把椅子就命名为"瓦西里"椅子，如图 2.28 所示。

图 2.27　CASABLANCA 075 家具　埃多莱·索特萨斯　　　　图 2.28　瓦西里椅（Wassily chair）

我们观察到，艺术理论和实践都推动着设计的发展，但是在设计与艺术的关系上，也存在一些误区。

误区之一是为艺术而设计。否认设计的功利目的，否认设计的科学技术和经济特征，把设计作为纯艺术的一个品种。

误区之二是为技术而设计。否认物质产品的精神功能，否认设计的艺术特征，把设计作为纯科学技术的一个行业。

误区之三是孤立静止地看待设计与艺术的关系。设计被当作民族民间工艺美术，传统图案；艺术仍是挚斯恰科夫体系的素描，苏联时期中专学生的水彩。

第二节　设计的科技特征

一、设计与科技进步

设计总是受着生产技术发展的影响。第一种销售量超过百万件的产品是托内特椅子——弯圆形体的产品，作为著名的小酒店椅子产生于 19 世纪中叶，是由摩提维亚的考雷兹科的托内特工厂发明了弯木与塑木新工艺而出现的直接产物，如图 2.29、2.30 所示。

图 2.29 托内特椅

图 2.30 豪弗曼设计的蛋型摇椅

设计是在工业革命后开花结果的，这使我们不可避免地思考设计与科学技术之间深刻的关系。1785 年吉米·瓦特发明蒸汽机，彻底改变了人类技术世界。以此为分水岭，社会生产能力空前提高，科学技术的研究也呈现出新面貌。我们知道，能源和动力一直是生产力发展的主要支点。18 世纪以前，人类一直是依靠自然动力，如风力、水力、畜力等，而自从蒸汽机发明以后，一种崭新的动力机器出现了。蒸汽机被应用于火车机头、轮船，并被广泛应用于纺织业、机械制造、采矿、冶炼等各领域，使得生产技术和社会结构产生了深刻的变化，而随着机器时代的到来，设计也发生了戏剧性的变革。首先是设计与制造的分工。在此之前，设计者一直作为手工作坊主或工匠进行创作，集设计者、制造者甚至销售者的工作于一身，而手工生产活动也常常以行会的形式组织起来。18 世纪，建筑师首先从"建筑公会"中分离出来，使建筑设计成为高水平的智力活动。随着劳动分工的迅速发展，设计也从制造业中分离出来，成为独立的设计专业。设计师可以向许多制造商兜售自己的图纸，而担任制造角色的广大体力劳动者——工人，则变成了设计师实现设计意图的工具。机器生产同时导致了标准化和一体化产品的出现。此外，新的能源和动力带来新材料的运用。各种优质钢材和轻金属被设计应用，建筑业也采用标准预制单元构件（如 1851 年"水晶宫"博览会展厅，如图 2.31 所示，1989 年艾菲尔铁塔的设计），表明铁已由传统的辅助材料变成了造型主角。钢筋混凝土的发明使高层建筑成为可能，工厂林立的大城市的涌现表明设计已进入了钢筋混凝土的时代。

以科学技术为基础的工业革命导致了 20 世纪初各种设计思潮的产生，同时为设计的发展展现了广阔前景。事实总是这样，伴随着科学技术的进步，与其相应的各种日常生活的机器与工具被创造出来，接着又凭借这些工具和机器不断改变着人们的生活方式。都市形态也是一样，随着交通工具的发达，建筑技术的进步，人们不得不在过去想都未想过的新城市形态中生活了。

图 2.31 1851 年水晶宫 伦敦

一种新材料的诞生往往给设计造成重大影响，例如轧钢、轻金属、镀铬、塑料、胶合板、层积木等等。毫无疑义，塑料是对 20 世纪的设计影响最大的材料。最早的塑料是赛璐璐，作为一些昂贵材料如牛角、象牙、玉石的代用品而应用于商业。20 世纪初，美国人发明了酚醛塑料，并用易变的高分子树脂状物质制造出阻燃的醋酸纤维、可以自由着色的尿素树脂等，拉开了塑料工业的序幕。这种复合型的人工材料易于成型和脱模，且成本低廉，因此很快在设计中被广泛应用，由电器零件到收音机外壳等等。塑料在 20 世纪 30 年代已树立起了它的工业地位，并且被工业设计师们赋予了社会意义，成为"民主的材料"。纳吉（L.Moholy-Nagy）以之为造型中介，配以光，由于由光到色和由色到光的手法在这种透明均质的彩色可塑性媒介物中独具魅力，因此纳吉在他的舞台设计和电影设计中采用了这种光的表现手法，显示了塑料在美学上的潜力。它们大受工业设计师的青睐，被应用于各种产品上，如电话机、电吹风、家具、办公用品、机器零件以及各种包装容器，如图 2.32～2.34 所示。新型塑料多样化的鲜明色彩和成型工艺上的灵活性，使许多产品设计呈现出新颖的形式，与先前标准化的金属表面处理和工业化形成强烈对比，因而更适宜设计的个性发挥和产品符号的灵活运用。因此，塑料成为战后的热门设计材料，在 20 世纪 60 年代亦被称为"塑料的时代"。我们可以看到，新材料的出现总是鼓励着设计师进行新的形式探索。

图 2.32 K4999 可堆积的儿童椅子

图 2.33 BLOW 042 充气扶手椅

图 2.34 BOALUM 台、壁、落地灯

与再现过程有关的机器的相继诞生使视觉传达的领域不断扩大。历史上最早出现的是印刷术。书籍的大量印刷，使发展教育和科学所需的知识普及成为可能，从而奠定了近代文明的基础。1839 年盖达尔发明了摄影。照相印刷使视觉表现迅速扩大，翻开了现代传媒史的第一页。1930 年照相的铜版技术发明，使摄影从此在广告设计中占住了确定位置，并成为今天照相设计的基础，如图 2.35、图 2.36 所示。1895 年卢米埃兄弟的伟大发明——电影，是在摄影的基础上产生的。电影的出现又导致了另一种传达媒体——广播和电影合为一体的电视。20 世纪二三十年代，由于收音机、电视机等多种新媒体的使用，加之大量的信息要求，广告产业迅速发展。伴随着传达技术的不断创新，视听觉中如投影、电子音乐和幻灯的组合，照明板形成的映像，音响的视觉化，用激光进行的传达等等，令视觉设计的表现手法极大丰富，同时大大地扩大和深化了视觉传达领域，如图 2.37 所示。

图 2.35 玻璃湿板法照相机   图 2.36 1888 年的柯达盒式相机

图 2.37 电视机的演变

　　新兴的信息技术引起设计生产及设计模式划时代的变革。如果说现代主义设计运动是对工业革命的反响，那么后现代主义设计更是对信息技术的反响。信息技术以微电子技术为基础，而微电子技术最先得益于 40 年代末晶体管的发明——它使电子装置的小型化成为可能，从而为后来的自动化小批量生产以及信息处理中起关键作用的计算机开辟了道路。小批量生产为设计定向多样化提供了可能。它是以可变生产系统为前提的，这就需要可编程控制器的支持，如数控切换生产线等。计算机也被纳入了生产系统（CAM）。由于小批量多样化的实现，产品的形式得到解放，设计可以按照市场的不同需求来进行创作。后工业时代的设计把消费生活的类别、风格输入到生产过程中，其技术要求更加智能化，更加灵活，以适应不同消费者的文化背景，逐步顾及生产产品的社会条件。在各种形式的设计制作中，计算机的帮助更为突出。计算机使平面设计师可以自由地"借用"无数的图像资料，并且可以兼编辑与设计师于一身；它使建筑设计师和环境设计师更直观地工作，免于制作费时费力的模型，大大提高了创作的自由度；计算机使产品设计师更有效地解决人机问题，更可能顾及心理和感觉因素，设计出富有人情味和人性的产品。它甚至改变了产品的开发及销售模式。软件技术不仅改变了设计的过程，而且改变了设计的概念。传统的设计概念是以设计与生产的分离为前提的——在计算机的帮助下，设计师可以直接了解他的设计品效果究竟如何，因此设计获得了传统手工艺生产的某些特质，即强调产品的使用，操作上的便利，功能上的灵活性以及使用者特殊要求的适应性。对于各种计算机辅助设计而言，最重要的是使用者对它的感受。消费者的体验和理解成为真正的、有意义的行为，设计师着重在消费者的感觉系统而非产品的物质系统。基于这种系统，软件设计者力求提供一个人人都能介入的系统。也就是说，设计的最终目标和终端成果，并不是某种具体设计品，而是一种效果，有设计者和设计涉及的对象（人、自然）参与的活动形成的氛围。由于计算机技术的高度发达，传统的设计观念已从有形的物质领域扩展到了无法触摸的程序领域。

二、设计与科学理论

设计创造直接与人类对自然秩序和社会秩序的观察联系在一起。设计的进步依赖于人类已掌握的科学原理，如设计对形态、结构的认识，就借助了数学、物理的观察成果。设计发展的历史证明，物理学、数学、植物学、矿物学等学科的发达，对扩大设计的表现领域和扩大新的材料的使用都起着重要作用。

对设计的研究也与科学理论的发展休戚相关。我们知道，设计学是自然科学和社会科学结合的成果。设计学的研究方法是科学的研究方法，它包括作为认识论的设计哲学，作为价值论的设计社会学，作为技术论的设计工程学，以及心理学、设计史学、设计教育学等等。围绕设计周边的诸学科，如艺术心理学、艺术社会学、艺术哲学、城市社会学、社会心理学、情报工程学、系统工程学、结构学、材料学等，虽然同设计实践不是直接发生关系，但作为设计造型的前提，同样是使设计不脱离人并可以不断进行的必要条件。由于设计构成我们生活环境的第二自然，因此设计需要进行有机的研究。设计研究涉及众多的学科领域，设计的发展和设计学的建立都是以一系列现代科学理论的整合为基础的。

第二次世界大战前后，出现了一些崭新的技术及其相关理论，其中相当一部分对设计产生了重大影响，那就是电子计算机，以及控制论、信息论、运筹学、系统工程、创造性活动理论、现代决策理论等。

1. 控制论

控制论重点研究动态的信息与控制、反馈过程，使系统在稳定的前提下正常工作。研究信息传递和变换规律的信息论是控制论的基础。现代认识论将任何系统、过程和运动都看成一个复杂的控制系统，因而控制论方法是具有普遍意义的方法论。控制概念中最本质的属性在于它必须有目的，没有目的，就无所谓控制。设计根据目标控制和负反馈作用，发展出一些常用的设计方法，如柔性设计法、动态分析法、动态优化法、动态系统辨识法（以白箱-灰箱-黑箱方法为基础）等。

2. 信息论

信息论方法是现代设计的前提，具有高度综合性。信息论最早产生于通讯领域，申农是其奠基人，他引入了"熵"的概念作为信息的度量。信息论的发展已远远超越了原先应用于电信通讯技术的狭义范围，而延伸到了经济学、管理学、语言学、人类学、物理学、化学等，当然也包括设计在内的一切与信息有关的领域。信息论主要研究信息的获取、变换、传输、处理等问题。由于整个设计过程都贯穿着信息的收集、整理、变换、传输、贮存、处理、反馈等基本活动要素，因此，一方面，信息处理观点被用来解释设计思考过程；另一方面，信息处理技术又被广泛用作设计工具。设计中常用的方法有预测技术法、信号分析法、信息合成法等等。

3. 系统论

所谓"系统"，即指具有特定功能的，互相有机联系又相互制约的一种有序性整体。系统论方法是以系统整体分析及系统观点来解决各种领域具体问题的科学方法。系统论方法从整体上看，分系统分析（管理）→系统设计→系统实施(决策)三个步骤。设计系统原理是设计思维和问题求解活动的根本原理。具体设计方法包括：系统分析法、逻辑分析法、模式识别法、系统辨识法等。为适应学科发展，系统论方法已形成许多独立分支，如环境系统工程、管理系统工程等，工业设计也是系统论方法的重要分支。工业设计已不再仅仅是形态、色彩、表面加工、装饰等处理，也不仅是科学与艺术的结合。人类认识论的发展，已将人机关系发展为"人—机—环境—社会"的大系统，并由此创造人类新的生存方式和生活方式。

三、设计是科学技术商品化的载体

科学技术是一种资源，但是，人类要享受这一巨大的资源，还需要某种载体，这种载体就是设计。新的科学技术、现代化的管理、巨额的资本投入，都需要经过这一媒介才能转化为社会财富。设计不仅是科学技术得到物化的载体，还是科学技术商品化的载体。因为物质形态的科学技术也只有在被社会接纳、被社会消费的情况下，才能转化成巨大的社会财富。科学技术是通过设计向社会广大消费者进行自我表达的，设计使新技术的"可能"转变为现实。科技资源需要设计加以综合利用，变成优质的新商品，被市场大量的吸收，才能完成科技的社会财富化，发挥科学技术的作用。

设计与技术的关系是开发和适用的关系。所有类型的设计都含有技术的成分，而所有的科学技术都是通过设计转化成商品的。设计是把当代的技术文明用于日常生活和生产中去。事实上，从口红到机车，从电影到飞机坦克，没有设计者的参与都不可能实现；印刷术无论怎样发达，最小的字形也必须经过设计；即便使用电子计算机，输入的数据也是经过设计的。设计师是使科学技术转化为现实实体的中介。不过,设计的技术并不是原有的技术形态,而是在给予的技术的基础上开发设计上的技法,依靠设计师的创造性直觉,在新的技术中发现新的表现可能。设计没有技术无以为设计,而科学技术没有设计参与也找不到同社会生活的结合点,从而不能转化成社会物质财富与精神财富。

第三节 设计的经济性

一、设计作为经济发展的战略

英国前首相撒切尔夫人在分析英国经济状况和发展战略时指出,英国经济的振兴必须依靠设计。1982 年,首相府直接举办了由企业家、高级管理人员、工业设计人员参加的"产品设计和市场成功"研讨班。撒切尔夫人曾多次邀请全国企业界和工业设计界的代表人物座谈,探讨英国经济复兴和工业设计现代化的战略。她这样断言:"设计是英国工业前途的根本。如果忘记优秀设计的重要性,英国工业将永远不具备竞争力,永远占领不了市场。然而,只有在最高管理部门具有了这种信念之后,设计才能起到它的作用。英国政府必须全力支持工业设计。"撒切尔夫人甚至强调:"工业设计对于英国来说,在一定程度上甚至比首相的工作更为重要。"英国的经济战略是相当明确的,它的设计业在 20 世纪 80 年代初期和中期迅猛地发展,为英国工业注入了大量活力。英国设计以其高度的逻辑性,对消费者愿望的理解和销售系统之间的结合为英国赢得了市场。20 世纪 80 年代英国设计界涌现了许多百万富翁,如康兰(Terrance Conran)、彼得斯(Michael Peters)、费奇(Rodney Fitch)以及"五角星"集团(Pentagram)等。不少优秀的设计家同时又是企业家。康兰 1956 年创立康兰设计集团(Conran Design Group),后来又指导零售联号,并成立了"产地"(HABITAT)联号店以推广其设计业务。20 世纪 80 年代康兰控制了英国城市主要街区的最佳地段。在英国,设计业赢得了"让总裁听话"的地位,它不仅推动了工业,并且拯救了英国商业,设计使政府和企业尽快地获得赢利(包括巨额的不断增长的设计咨询费)。80 年代英国仅在陈列环境设计和零售店方面就获得了大批设计业务,为商家和设计集团自身带来了大量利润。

二战以后,日本经济百废待兴,日本政府从 20 世纪 50 年代引入现代工业设计,将设计作为日本的强国政策和国民经济发展战略,从而实现了日本经济 70 年代的腾飞,使日本一跃而成为与美国和欧共体比肩的经济大国。国际经济界的分析认为:"日本经济=设计力"。

二、设计作为价值方法

设计是创造商品高附加价值的方法。从消费层次来看,人的消费需求大体分为三类层次,第一类层次主要解决衣食等基本问题,满足人的生存需求;第二层次是追求共性,即流行、模仿，满足安全和社会需要。这两个层次的消费主要是大批量生产的生活必需品和实用商品，以"物"的满足和低附加值商品为主。第三类层次是追求个性，要求小批量多品种，以满足不同消费者的需求。前两个层次解决的是人有我有的问题，而第三个层次则满足人无我有、人有我优的愿望，这种"知"的满足，必然要求高附加价值的商品。

商品的附加价值，是指企业得到劳动者协作而创造出来的新价值。它由销售金额中扣除了原料费、劳动力费、设备折旧费等后的剩余费用及人工费、利息、税金和利润等组成。因此，高附加价值不仅仅是从机能方面考虑，还必须将机能（Function）、材料（Material）与感性（Sensitivity）三者统一考虑才行。一般来说，F.M.S 值越高则附加价值越高。

设计的价值意义还表现在设计的价值工程上。价值工程寻求的是功能与成本之间最佳的对应配比，以尽可能小的代价取得尽可能大的经济效益与社会效益。提高设计对象的价值，正是价值工程的根本任务和目的，可以说价值工程是一种设计方法。设计的价值工程是寻找出最佳资源配置，如俗话所说的"好钢用在刀刃上"。产品的设计中，生产它的工艺、工程、服务也需要一种综合配置力求使各个组成部分达到最佳配比。

三、设计作为经济体的管理手段

设计作为管理手段，最典型的莫过于企业识别系统（Corporate Identity）及以设计塑造企业文化。

如果没有设计的帮助，公司的性质、机制和发展格局在人们的头脑中可能是不定型的，而通过企业识别系统，公司的个性无论是对公司员工还是对公众都明确化了。CI 设计不仅应用于跨国的公司管理，对于那些兼并和融资的大公司也不失为一种有效的管理方法。

四、设计与生产和消费的关系

1. 设计与生产

生产是经济领域中最基本的活动。生产者、生产工具、劳动对象和生产成果都是生产要素。设计与生产的关系是设计与经济关系的具体化，是其关系最生动的体现之一。

设计是生产的组成部分。

设计为生产服务。

设计师要向生产人员学习。

生产部门必须认识设计。

生产只有正确认识设计，才会充分支持设计。

2. 设计与消费

消费是经济领域的又一基本活动，它指使用物质资料以满足人们物质和文化生活需要的过程，也包括使用物质资料满足生产、工作、国防等需要。消费是人们生存与发展不可缺少的条件，是社会再生产的一个环节。设计与消费的关系是设计与经济关系的具体化，同时也是其关系最生动的体现之一。

第一，消费是设计的消费。设计是物的创造，消费者直接消费的是物质化了的设计，实际上就是设计人员的劳动成果，而且不仅仅是某一个设计人员的劳动成果。

第二，设计为消费服务。消费是一切设计的动力与归宿。设计为消费服务，除了设计生产的目的是为了消费之外，还有设计可以帮助商品实现消费、促进商品流通这层涵义。商品进入消费圈需要传达设计，通过一定的视觉化手段，达到更清晰、更有效地展示产品的目的，同时刺激销售。商品的保护、储运、宣传、销售需要大量的设计投入。在当代信息社会，消费圈的设计投入总量远远大于对生产的设计投入。设计是以消费为导向的（Consumer-oriented）。战后设计的多元化趋势，生产的小批量多样化，都是为了适应消费的要求。设计为消费服务，意味着设计要研究消费，研究消费者，了解消费心理、方式和消费需求，研究开发什么样的新产品，如何改进包装等等。无论是产品设计还是传达设计，都是围绕消费而进行的。

第三，设计创造消费。设计可以扩大人类的欲望，从而创造出远远超过实际物质需要的消费欲。"流行"概念扩大了人的消费欲。所谓由流行到过时便是商品走向精神上的废物化的过程。也就是说，伴随新的设计的不断产生，人们会有意地淘汰旧有的商品，即使它们在物理上还是有效的，这从客观上便扩大了消费需要总量。此外，消费的多层次性要求同一类商品有不同的附加价值，设计的高附加价值便是适应满足各种消费层次的心理需要，包括变化需求的必然结果。

设计是推动消费最有效的方法，它触发了消费的动机。设计能够唤起隐性的消费欲，使之成为显性。或者说，设计发掘了消费需要，并制造出消费需要。

第三章
近代设计的历史

第一节　现代设计产生的社会背景

回顾 19 世纪，视野中会出现一个充满活力的变革与进步的时代，脑海中会有一些鲜明的形象：新的工业中心、威尔士采矿集团等。贫困和富裕形成极端的对比。这个时代中，布鲁内尔•拉斯金和达尔文等人取得了非凡的成就。各个阶级的人们都可以从这个时代的新发明——铁路、摄影、电报、汽车、电话和飞机等，体验到社会的进步，在这种新的消费文化中，设计正起着重要作用。

始于 18 世纪的工业革命并不是有计划有步骤地向前发展的，而是处于不断尝试之中，在充满错误和激烈的市场生存竞争的简单规律决定下，逐步地发展起来。19 世纪，标准化和机械化的观念才开始真正地对设计起作用。

从 19 世纪中叶到 1919 年，即欧洲工业革命开始到第一次世界大战结束，这是由手工艺设计到现代工业设计的过渡时期，它的发展过程充分体现了设计领域中酝酿、探索、根本变革的艰难复杂的历程，体现了技术和经济因素对于设计发展的推动作用和制约条件的影响。

18 世纪从英国开始的工业革命，改变了生产力的基本条件，也改变了社会的政治、经济和文化的面貌，从而使设计进入了一个新的时代。一个围绕着机器和机器生产，围绕着市场的新时代，我们称之为现代设计。

欧洲直到 18 世纪末，还是处在农业经济时代，处在封建时代。这种贵族中心的文化与政治，阻碍了资本主义经济的发展。设计为贵族所享用，而不是为民众所拥有。明显的阶级特征，矫饰的繁琐装饰，巴洛克风格、洛可可风格交替的过程，却在 18 世纪末社会逐渐产生的两极分化和咄咄逼人的工业化进程中感到了新时代的来临。

一、机器生产与设计的技术环境

能源和动力一直是生产力发展的主要支点，18世纪以前，人们主要依靠大自然赐给的能源作为生产的动力，如人力、畜力、风力、水力等，生产的发展十分缓慢。自从吉米·瓦特发明蒸汽机以后，一个新的动力——机器出现了，它除了为矿井抽水之外，还被发明家史蒂文森用来制成火车头，把运输的速度和负载量提高了上千倍，又曾经被富尔顿安装在船上，使水上运输的速度大增，纺织业、冶炼业、机械制造业都大量采用蒸汽机为动力，世界的面貌发生了巨大变化，如图3.1～3.4所示。

图 3.1　瓦特发明的蒸汽机

图 3.2　哈格里夫斯发明的纺纱机

图 3.3　T440型燃气机车

图 3.4 1886 年 本茨车的形式

1. 设计和制造的分工

手工业时期的作坊主和工匠，既是设计者，又是制造者，有时还是销售者。18 世纪，建筑师从"建筑公会"中分离出来，使建筑设计成为高水平的专业智力劳动，带动了建筑风格的日新月异。

设计从制造业中分离出来，成为独立的行业，使担任制造角色的体力劳动者——工人，变成设计师用以实现自己意图的工具，与机器的性质近乎相同，工人的劳动失去了古代工匠所具有的乐趣。

2. 标准化和一体化产品的出现

通过机器生产出来的产品完全一个模样，没有古代工匠们个人风格和技巧存在的痕迹，产品的艺术风格亦无人关心，这时，评价设计优劣的唯一标准是利益，是如何省工、省料、省钱，没有人关心产品的艺术性和文化性。

3. 新的能源、动力也带来新材料的运用

传统的木、铁，被各种优质钢和轻金属所代替，建筑业也把砖石置于一旁，开始了钢筋水泥构架的时代。

总之，机器生产的普及为设计带来的技术环境是：人们有可能利用比手工业时期更为强有力的动力和机械来达到自己的设计目的，因而也产生了更大的自由。

二、市场竞争与设计的经济环境

机器生产使产品的增长速度突飞猛进，作为销售渠道的市场，商品比以前大为丰富。封闭的、自给自足、自产自销的自然经济消亡，市场经济成长起来，自由竞争使城市商业出现了畸形的发展和繁荣，从而导致了要求全面提高竞争力的新的设计思想和设计体系的出现。

1. 设计的目标在于市场

产品如果不能给工厂主带来利益，生产就会停止。设计者在从事设计的时候，除了从技术角度思考之外，还要充分考虑经济因素。

2. 城市的发展提供了广阔的市场

工业化的发展，使工厂林立的大城市接踵而来，工人成为城市的居民，并且是廉价产品的主要消费者。商品经济成为城市的主要经济形态，商品的流通畅通无阻，设计者、工厂主、经销人不论在其他环节上存在多少矛盾，但他们的共同目标是消费者。

3. 设计的商品化

商品经济使一切变成商品，智慧和技术也不例外。由此，设计作为一个新的行业出现了，在生产过程中，它的作用也更加明确，更加广泛。

如果从文化环境来考查现代设计，首先是艺术上的反传统精神在设计上也反映出来，人们力求以平易近人的态度看待生活和和生活用品，鄙视罗可可（Rococo）等风格的繁缛、矫饰，功能比艺术更为重要。另外，非写实艺术的成长，也对设计产生了很大的启发，工业产品的几何化抽象形态在现代艺术中已进入美的范畴。萌动的国际化风格要求，这时也显现出来，使民族传统和地区特色逐渐淡化，世界以追求标准化的面貌表现出"国际风格"。

第二节　水晶宫国际工业博览会

作为工业革命的发源地，英国在 1851 年，由维多利亚女王和他的丈夫阿尔伯特公爵发起组织了世界上第一次工业产品博览会。会上展出了各种工业产品（包括传统手工业产品）一万余件，会场便是著名的"水晶宫"，如图 3.5～3.7 所示。

当时由于时间关系，博览会的主办者被迫接受了来自皇家园艺总监约瑟夫·派克斯顿（Joseph Paxton，1801～1865）的救急方案——由钢铁骨架和平板玻璃组装而成的花房式大厅。

帕克斯顿擅长用钢铁和玻璃来建造温室，他采用装配温室的方法建成了"水晶宫"玻璃铁架结构的庞大外壳。"水晶宫"总面积为 60 万平方英尺；建筑物总长度达到 563 m（1851 ft），用以象征 1851 年建造；宽度为 124.4 m，共有 5 跨，以 2.44 m 为一单位（因为当时玻璃长度为 1.22 m，用此尺寸作为模数）。其外形为一简单的阶梯形长方体，并有一个垂直的拱顶，各面只显出铁架与玻璃，没有任何多余的装饰。在整座建筑中，只用了铁、木、玻璃三种材料，施工从 1850 年 8 月开始，到 1851 年 5 月 1 日结束，总共花了不到 9 个月时间便全部装配完毕。1936 年毁于大火。

"水晶宫"较之以往的建筑有以下不同：材料方面，传统的土、木、砖、石被全新的钢铁和玻璃所代替，施工时，经过严密计算加工出来的标准构件，运至现场用螺钉和铆合的办法进行组装，使它拥有了超过 60 万平方英尺的总面积。它与其说是"建筑"，毋宁说是一架供展览用的"机器"，虽然当时人们对它的出现毁誉参半，但是，不到半个世纪现代建筑的发展却充分证明了它的前瞻性和划时代意义，如图 3.5～3.7 所示。

图 3.5　伦敦水晶宫外景

图 3.6　伦敦水晶宫内景

图 3.7　1851 年英国国际博览会会场

展品中有各种各样的历史式样，反映出一种普遍的为装饰而装饰的热情，漠视任何基本的设计原则，其滥用装饰的程度甚至超过了为市场生产的商品。例如法国送展的一盏油灯，灯罩由一个用金、银制成的极为繁复的基座来支承，如图 3.8 所示。又如一件女士们做手工的工作台（图 3.9）成了洛可可风格的藏金箱，罩以一组天使群雕，花哨的桌腿似乎难以支承其重量。设计者们试图探索各种新材料和新技术所提供的可能性，将洛可可风格推到了浮夸的地步，显示了新型奇巧的装饰方式。美国送展的农机和军械等，这些产品朴实无华，真实地反映了机器生产的特点和既定的功能。

图 3.8 油灯

图 3.9 水晶宫博览会展出的工作台

展品中存在着两种绝然不同的形态，一方面，以机器生产代替手工操作的新产品、新工艺，由于没有相应的美的形态和装潢，而显得粗陋简单；另一方面，各国的民族传统手工艺品却以精巧的手艺和昂贵的材料体现出艺术的魅力，如图 3.10～3.13 所示。

图 3.10 水晶宫博览会展出的鼓形书架

图 3.11 梳妆台及化妆箱和烛台等摆饰金碧辉煌

图 3.12 美国座椅公司的金属转椅　　　图 3.13 美国"柯尔特"左轮手枪

第三节　工艺美术运动

将理论与实践加以结合的评论者，以威廉·莫里斯（William Morris，1834～1896）最为著名。

莫里斯 17 岁时参观了博览会，对展品的反感影响到他以后的设计活动和设计思想。他出生于一个富有的家族，受过高等教育，在以设计哥特式风格闻名的斯特里德建筑设计事务所从事过建筑设计，后来加入拉斐尔前派的行列，准备从事绘画。由于建立画室和以后的新婚居室，使他又一次改变了想法转而从事起建筑及其相关产品设计工作。1859 年，他与菲利普·韦珀（Phillip Webb，1831～1915）合作设计建造了"红屋"，如图 3.14 所示，内部的家具、壁毯、地毯、窗帘织物等，均由莫里斯自己设计。它们实用、合理的结构，以及追求自然的装饰体现了浓郁的田园特色和乡村别墅的风格。从此，他开设了十几个工厂，并于 1861 年成立了独立的设计事务所，把包括建筑、家具、灯具、室内织物、器皿、园林、雕塑等构成居住环境的所有项目纳入业务之中，并以典雅的色调、精美自然的图案备受青睐，如图 3.15～3.24 所示。

图 3.14 红屋　菲里普·韦伯

图 3.15 红屋内的红木桌子和地毯 莫里斯

图 3.16 镶嵌花砖图案 1876 年

图 3.17 刺绣图案 莫里斯 1889 年

图 3.18 棉布印花图案（一） 莫里斯

图 3.19 棉布印花图案（二） 莫里斯

图 3.20　书籍装帧设计（一）　莫里斯　　　　图 3.21　书籍装帧设计（二）　莫里斯

图 3.22　扶手椅　莫里斯公司生产（1865 年）

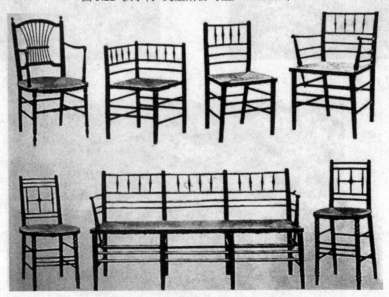

图 3.23　椅子　莫里斯公司生产（1910 年）

图 3.24 扶手椅 莫里斯公司生产

　　莫里斯的理论与实践在英国产生了很大影响，一些年轻的艺术家和建筑师纷纷效仿，进行设计的革新，从而在 1880～1910 年间达到了一个设计革命的高潮，这就是所谓的"工艺美术运动"。这个运动以英国为中心，波及到了不少欧美国家，并对后世的现代设计运动产生了深远影响。

　　工艺美术运动产生于所谓的"良心危机"，艺术家们对于不负责任地粗制滥造的产品以及其对自然环境的破坏感到痛心疾首，并力图为产品及生产者建立或者恢复标准。在设计上，工艺美术运动从手工艺品的"忠实于材料"、"合适于目的性"等价值中获取灵感，并把源于自然的简洁和忠实的装饰作为其活动的基础。工艺美术运动不是一种特定的风格，而是多种风格并存，从本质上来说，它是通过艺术和设计来改造社会，并建立起以手工艺为主导的生产模式的试验。

　　工艺美术运动范围十分广泛，它包括了一批类似莫里斯商行的设计行会组织，并成为工艺美术运动的活动中心。行会原本是中世纪手工艺人的行业组织，莫里斯及其追随者借用行会这种组织形式，以对抗工业化的商业组织。最有影响的设计行会有：1882 年由马克穆多（Arthur Mackmurdo，1851～1942）组建的"世纪行会"（图 3.25～3.27）和 1888 年由阿什比（Charles R.Ashbee，1863～1942）组建的"手工艺行会"等。值的一提的是，1885 年由一批技师、艺术家组成了英国工艺美术展览协会，并从此开始定期举办国际展览会，因而吸引了大批外国艺术家、建筑师到英国参观，这对于传播英国工艺美术运动的精神起了重要作用。

　　工艺美术运动的主要人物大都受过建筑师的训练，但他们以莫里斯为楷模，转向了室内、家具、染织和小装饰品设计。马克穆多本人是建筑师出身，他的"世纪行会"集合了一批设计师、装饰匠人和雕塑家，其目的是为了打破艺术与手工艺之间的界线，工艺美术运动的名称"Arts and Crafts"的意义即在于此。用他自己的话来说，为了拯救设计于商业化的渊薮，"必须将各行各业的手工艺人纳入艺术家的殿堂"。

图 3.25 有靠背和印花棉布装饰的长凳 马克穆多（1886）

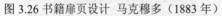

图 3.26 书籍扉页设计 马克穆多（1883 年）　　图 3.27 椅子 马克穆多（1882～1883 年）

　　阿什比的命运是整个工艺美术运动命运的一个缩影。他是一位有天分和创造性的银匠，主要设计金属器皿。这些器皿一般用榔头锻打成形，并饰以宝石，能反映出手工艺金属制品的共同特点。在他的设计中，采用了各种纤细、起伏的线条，被认为是新艺术的先声（图 3.28～3.30）。

　　阿什比的"手工艺行会"最早设在伦敦东区，在闹市还有零售部。1902 年，他为了解决"良心危机"问题，决意将行会迁至农村以逃避现代工业城市的喧嚣，并按中世纪模式建立了一个社区，在那里不仅生产珠宝、金属器皿等手工艺品，而且完全实现了莫里斯早期所描绘的理想化社会生活方式。正如阿什比所说："当一群人学会在工场中共同工作、互相尊重、互相切磋、了解彼此的不足，他们的合作就会是创造性的。"这场试验比其他设计行会在追求中世纪精神方面都要激进，影响很大。但阿什比却忽略了这样一个事实，即中世纪所有关键性的创造和发展均发生于城市。由于行会远离城市也就切断了它与市场的联系，并且手工艺也难于与大工业竞争，这次试验终于在 1908 年以失败而告终。

图 3.28 银碗 阿什比（1893 年）

图 3.29 带长柄的银碗 阿什比（1901 年）

图 3.30 银质水具 阿什比（1902 年）

　　沃赛（Charles F.A.Voysey，1857～1941）虽不属于任何设计行会，但他却是工艺美术运动的中心人物，在 19 世纪最后 20 年间，他的设计很有影响。沃赛受过建筑师的训练，喜爱墙纸及染织设计，与莫里斯、马克穆多等人交往甚密。沃赛的平面设计偏爱卷草线条的自然图案，以至人们常常将他与后来的新艺术运动联系起来，尽管他本人并不喜欢新艺术，并否认与其有任何联系。但沃赛的家具设计多选用典型的工艺美术运动材料——英国橡木，而不是诸如桃花芯木一类珍贵的传统材料。他的作品造型简练、结实大方并略带哥特式意味。从 1893 年起，他花了大量精力出版《工作室》杂志。这份杂志成了英国工艺美术运动的喉舌，许多工艺美术运动的设计语言都出自沃赛的创造，如心形、郁金香形图案，都可以在他的橡木家具和铜制品中找到。沃赛的作品不但继承了拉斯金、莫里斯提倡美术与技术结合，以及向哥特式和自然学习的精神，并使之更简洁、大方，成为英国工艺美术运动设计的范例（图 3.31～3.33）。

图 3.31　椅子　沃赛（1902）　　　　　　　图 3.32　橡木椅　沃赛（1898）

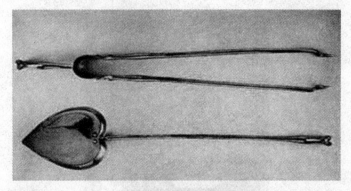

图 3.33　火钳和煤铲　沃赛（1900）

　　英国的工艺美术运动随着展览与杂志的介绍，很快传到海外，并首先在美国得到反响。因此，美国的工艺美术运动在时间上大体与英国平行。尽管美国长期受法国学院派的影响，但仍有许多重要的英派设计师。一些工艺美术运动的著名人物如阿什比等先后访问过美国，有的还为美国进行了设计，他们向美国设计师传播了拉斯金和莫里斯的思想。

　　在英国的影响下，美国在 19 世纪末成立了许多工艺美术协会，如 1897 年成立的波士顿工艺美术协会等。美国工艺美术运动的杰出代表是斯蒂克利（Gustar Stickley）。斯蒂克利受到沃赛作品的启发，于 1898 年建立了以自己姓氏命名的公司，并着手设计制作家具，还出版了较有影响的杂志《手工艺人》。他的设计基于英国工艺美术运动的风格，但采用了有力的直线，使家具更为简朴实用，是美国实用主义与英国设计运动思想结合的产物。

　　工艺美术运动对于设计改革的贡献巨大的。

　　① 它首先提出了"美与技术结合"的原则，主张美术家从事设计，反对"纯艺术"。

　　② 工艺美术运动的设计强调"师承自然"、忠实于材料和适应使用目的，从而创造出了一些朴素而适用的作品。

　　③ 但工艺美术运动也有其先天的局限，它将手工艺推向了工业化的对立面，这无疑是违背历史发展潮流的，由此使英国设计走了弯路。

英国是最早工业化和最早意识到设计重要性的国家，但却未能最先建立起现代工业设计体系，原因正在于此。工艺美术运动并不是真正意义上的现代设计运动，因为威廉·莫里斯所推崇的是复兴手工艺，反对大工业生产，虽然威廉·莫里斯也看到了机器生产的发展趋势，在他后期的演说中承认我们应该尝试成为"机器的主人"，把它用作"改善我们生活条件的一项工具"。他一生致力的工艺美术运动却是反对工业文明的。但他提出的真正的艺术必须是"为人民所创造，又为人民服务的，对于创造者和使用者来说都是一种乐趣"，及"美术与技术相结合"的设计理念正是现代设计思想的精神内涵，后来的包豪斯和现代设计运动就是秉承这一思想而发展的。

第四节　新艺术运动

新艺术运动（Art Nouveau）是19世纪末、20世纪初在欧洲产生并发展的装饰艺术运动。

新艺术运动的潜在动机是与杂乱的折衷主义和过分追求真实的自然主义的决裂。新艺术运动主张今天的艺术应立足于现实，抛弃旧有风格的元素，创造出具有青春活力和现代感的新风格。同时，在师从自然上，又提出了应该去寻找自然造物最深刻的本质根源，发掘决定植物、动物生长、发展的内在过程。新艺术最为典型的纹样都是从自然草木中抽象出来的，流动的形态和蜿蜒交强的线条，充满了内在的活力，体现出蕴含于自然生命表面形式之中的无休无止的创造过程。

促成新艺术运动发生和发展的因素是多方面的，首先是社会的因素。自普法战争之后，欧洲得到了一个较长时期的和平，政治和经济形势稳定。不少新近独立或统一的国家力图跻身于世界民族之林，并打入激烈竞争的国际市场，这就需要一种新的、非传统的艺术表现形式。

在文化上，所谓"整体艺术"的哲学思想在艺术家中甚为流行，他们致力于将视觉艺术的各个方面，包括绘画、雕塑、建筑、平面设计及手工艺等与自然形式融为一体。

在技术上，设计师对于探索铸铁等新的结构材料有很高的热情。对于艺术家自身而言，新艺术正反映了他们对于历史主义的厌恶和新世纪需要一种新风格与之为伍的心态。新艺术的出现经过了很长的酝酿阶段，许多著名的设计史家都认为英国文化为新艺术运动铺平了道路，尽管由于其后的种种原因，英国本身并不是这种风格走向成熟的国度。

新艺术运动十分强调整体艺术环境，即人类视觉环境中的任何人为因素都应精心设计，以获得和谐一致的总体艺术效果。

新艺术反对任何艺术和设计领域内的划分和等级差别，认为不存在大艺术与小艺术，也无实用艺术与纯艺术之分。艺术家们决不应该只是致力于创造单件的"艺术品"，而应该创造出一种为社会生活提供适当环境的综合艺术。在如何对待工业的问题上，新艺术的态度有些似是而非。从根本上来说，新艺术并不反对工业化。新艺术的理想是为尽可能广泛的公众提供一种充满现代感的优雅，因此，工业化是不可避免的。新艺术的中心人物宾

（Samuel Bing，1838－1905）就认为"机器在大众趣味的发展中将起重要作用"。但是，新艺术不喜欢过分的简洁，主张保留某种具有生命活力的装饰性因素，而这常常是在批量生产中难以做到的。实际上，由于新艺术作品的实验性和复杂性，它不适合机器生产，只能手工制作，因而价格昂贵，只有少数富有的消费者能光顾。

新艺术运动的风格是多种多样的，在欧洲的不同国家，拥有不同的风格特点，甚至于名称也不尽相同。

"新艺术"一词为法文词，法国、荷兰、比利时、西班牙、意大利等以此命名，而德国则称之为"青年风格（Jugendstil）"，奥地利的维也纳称它为"分离派（Seccessionist）"，斯堪的纳维亚各国则称之为"工艺美术运动"。

从风格特点方面，法国、比利时、西班牙的新艺术作品比较倾向于艺术型，强调形式美感，而北欧的德国、奥地利和斯堪的纳维亚各国则倾向于设计型，强调理性的结构和功能美。

一、比利时的新艺术运动

新艺术运动的发源地是比利时，这是欧洲大陆工业化最早的国家之一，工业制品的艺术质量问题在那里比较尖锐。19世纪初以来，布鲁塞尔就已是欧洲文化和艺术的一个中心，并在那里产生了一些典型的新艺术作品。

比利时新艺术运动最富代表性的人物有两位，即霍尔塔（Victor Horata，1867－1947）和威尔德（Henry van de Velde，1863－1957）。霍尔塔是一位建筑师，他在建筑与室内设计中喜用葡萄蔓般相互缠绕和螺旋扭曲的线条，这种起伏有力的线条成了比利时新艺术的代表性特征，被称为"比利时线条"或"鞭线"。这些线条的起伏，常常是与结构或构造相联系的。霍尔塔于1893年设计的布鲁塞尔都灵路12号住宅成为新艺术风格的经典作品。他不仅将他创造的独特而优美的线条用于上流社会，也毫不犹豫地将其应用到了为广大民众所使用的建筑上，且不牺牲它优美与雅致的特点（图3.34、图3.35）。

图3.34 霍尔塔设计的布鲁塞尔都灵路12号住宅　　　　　图3.35 楼梯扶手 霍尔塔设计

威尔德的影响同样是深远的，尽管他的个性不如霍尔塔那么强。他之所以闻名是由于他广泛的兴趣，以及他逐渐由新艺术发展到了一种预示着 20 世纪功能主义许多特点的设计风格。

威尔德的职业是画家和平面设计师，他的作品从一开始就具有新艺术流畅的曲线韵律。作为设计师，他的第一件作品是在布鲁塞尔附近为自己建造的住宅，这是当时艺术家们表现自己艺术思想和天才的一种流行方式。威尔德不仅设计了建筑，而且设计了家具和装修，甚至他夫人的服装。这是力图创造一种综合和风格协调的环境的尝试（图 3.36～3.38）。

威尔德后来去了德国，并一度成了德国新艺术运动的领袖，这一运动导致了 1907 年德意志制造联盟的成立。1908 年，威尔德出任德国魏玛市立工艺学校校长，这所学校是后来包豪斯的直接前身。他在德国设计了一些体现新艺术风格的银器和陶瓷制品，简练而优雅。

图 3.36 招贴 亨利·凡·德·威尔德设计（1899 年）

图 3.37 标志 亨利·凡·德·威尔德设计（1908 年）

图 3.38 银质刀叉 亨利·凡·德·威尔德设计

除此之外，他还以积极的理论家和雄辩家著称，被人称为大陆的莫里斯。他写道："我所有工艺和装饰作品的特点都来自一个唯一的源泉：理性，表里如一的理性。"这显示出他是现代理性主义设计的先驱。他还引用运输车辆、浴室配件、电灯和手术仪器等作为"受到矫饰的美所侵害的现代发明"的例子，鼓吹设计和批量生产中的合理化。而在他自己的设计中，他的理性并不排斥装饰，而是意味着"合理"地应用装饰以表明物品的特点与目的。他于 1898 年在布鲁塞尔附近所建的大型工艺工场，诠释了他的"工厂"概念，而"批量生产"则意味着重复的手工生产。他一方面主张设计师必须避免那些不能大规模生产的所有东西，另一方面又坚持设计师在艺术上的个性，反对标准化给设计带来的限制，这两者显然并不协调。可以这样说，在威尔德身上存在着两种不同的冲动，一种是热烈而具有生命力的，体现在他行云流水般的装饰中，尽管他在其设计生涯中逐渐修正了他所使用的曲线，使之趋于规整，但他从未放弃过它们。另一种是简洁、清晰和功能主义的，体现在他的设计的基本结构上和他的著作中。这两种冲动在不同程度上也体现于这一时间其他艺术家的作品之中。

二、法国的新艺术运动

法国是学院派艺术的中心，因此，法国的建筑与设计传统上是历史主义的崇尚古典风格。但从 19 世纪末起，法国产生了一些杰出的新艺术作品。法国新艺术受到唯美主义与象征主义的影响，追求华丽、典雅的装饰效果。所采用的动植物纹样大都是弯曲而流畅的线条，具有鲜明的新艺术风格特色。

法国新艺术最重要的人物是宾，他原是德国人，1871 年定居巴黎。宾是一位热衷于日本艺术的商人、出版家和设计师，东方文化崇尚自然的思想对他产生了深远的影响。1895年 12 月，他在巴黎开设了一家名为"新艺术之家"的艺术商号，并以此为基地资助几位志趣相投的艺术家从事家具与室内设计工作。这些设计多采用植物弯曲回卷的线条，不久遂成风气，新艺术由此而得名。

另一位法国新艺术的代表人物是吉马德（Hector Guimard，1867～1942）。19 世纪 90年代末至 1905 年间是他作为法国新艺术运动重要成员进行设计的重要时期。吉马德最有影响的作品是他为巴黎地铁所作的设计。这些设计赋予了新艺术最有名的戏称——"地铁风格"（图 3.39～3.42）。"地铁风格"与"比利时线条"颇为相似，所有地铁入口的栏杆、灯柱和护柱全都采用了起伏卷曲的植物纹样。吉马德于 1908 年设计的咖啡几也是一件典型的新艺术设计作品（图 3.43）。

图 3.39 巴黎地铁站 吉玛德设计（1900～1904 年） 图 3.40 巴黎地铁入口 吉玛德设计（1900～1904 年）

图 3.41 巴黎地铁入口 吉玛德设计（1900～1904 年） 图 3.42 住宅入口 吉玛德设计（1898～1900 年）

图 3.43 咖啡几 吉玛德设计（1908 年）

巴黎以外，法国的南锡市也是一个新艺术运动的中心。

南锡的新艺术运动主要是在设计师盖勒（Emile Galle'，1846～1906）的积极推动下兴起的。1900 年，他在《根据自然装饰现代家具》一文中指出，自然应是设计师的灵感之源，并提出家具设计的主题应与产品的功能性相一致。他将新艺术的准则应用到了彩饰玻璃花瓶的设计上，在花瓶表面饰以花卉或昆虫。由于花饰强烈，往往超出纯装饰的范畴，使设计具有特别的生命活力。盖勒在自己的身边聚集了一批艺术家，形成了南锡学派并进行玻璃制品、家具和室内装修设计，影响较大（图 3.44～3.46）。

图 3.44 蝴蝶床 盖勒设计（1886 年）

图 3.45 新艺术风格家具 盖勒设计

图 3.46 彩饰玻璃花瓶 盖勒设计

雷诺（René Lalique）的经典作品，如蜻蜓女人胸饰，是最具典型性的新艺术时期首饰。雷诺最原始的灵感源于大自然，在好奇心和求知欲的驱动下，他把自己融入大千世界，努力发掘每一个细微之处，探索自然界中一切能用于装饰的元素。

女性形象、蝴蝶、飞蛾、蜻蜓……雷诺的珠宝作品里糅合了各种奇特的主旋律，体现他对自然的热爱。昆虫重新回归美之主题，连黄蜂、甲虫和草蜢也能展示鲜为人知的魅力。雷诺不愧是一位神奇的魔术师，他善于捕捉精美与微妙的细节，用以点缀自己心爱的珠宝，并探寻如何将平凡的材料塑造成灵性四溢的杰作（图 3.47～3.51）。

图 3.47 雷诺　蜻蜓女人胸饰

图 3.48 雷诺　饰品

图 3.49 雷诺　饰品

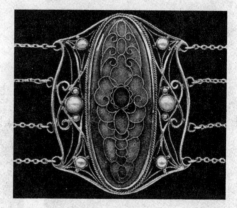

图 3.50 雷诺　饰品

图 3.51 雷诺　饰品

三、西班牙的新艺术运动

安东尼·高迪（Andonni Graudi，1852～1926）是西班牙新艺术运动的代表人物。他是一位富有浪漫主义色彩的建筑师，其著名设计作品有圣家族教堂和米拉公寓（图 3.52～3.55）。

　　高迪的设计中带有强烈的表现主义色彩。圣家族教堂内外布满的钟乳石式的雕塑和装饰件，以及上面贴有的彩色玻璃和石块，使它看上去犹如神话中的建筑。米拉公寓也以水平向的波浪曲线构成墙体和阳台，突出的部位则利用植物蒂芥般的自然形态与建筑物构成统一的整体，仿佛是一件完美的雕塑艺术品，由于几乎没有直线和平面，公寓内的家具只得专门进行设计制作。

　　在功能主义风靡的时代，高迪的作品一直未受到重视，进入二次大战以后，"有机建筑"的兴起才使得他成为这一潮流的先驱。当代著名建筑大师·柯布希埃称他为"后现代主义的先驱"，从某种角度来看，他是当之无愧的。

图 3.52 米拉公寓 安东尼·高迪设计（1905～1910 年）

图 3.53 米拉公寓内部 安东尼·高迪设计　　　图 3.54 巴特罗公寓（1905 年）

图 3.55 巴塞罗纳 圣家族教堂（1883～1926 年）

四、德国的新艺术运动

在德国，新艺术称为"青春风格"（Jugendstil），得名于《青春》杂志。"青春风格"组织的活动中心设在慕尼黑，这是新艺术转向功能主义的一个重要步骤。正当新艺术在比利时、法国和西班牙以应用抽象的自然形态为特色，向着富于装饰的自由曲线发展时，在"青春风格"艺术家和设计师的作品中，蜿蜒的曲线因素第一次受到节制，并逐步转变成了几何因素的形式构图。雷迈斯克米德（Richard Riemerschmid，1868～1957）是"青春风格"的重要人物，他于 1900 年设计的餐具标志着一种对于传统形式的突破，一种对于餐具及其使用方式的重新思考，迄今仍不失其优异的设计质量（图 3.56）。著名的建筑师、设计师贝伦斯也是"青春风格"的代表人物，他早期的平面设计受日本水印木刻的影响，喜爱荷花、蝴蝶等象征美的自然形象，但后来逐渐趋于抽象的几何形式，标志着德国的新艺术开始走向理性。1912 年，由德国德累斯顿一家工场生产的挂钟便完全采用了几何形式的构图，这一设计异常成功，直到 20 世纪 60 年代每年还能卖出上千个（图 3.57）。

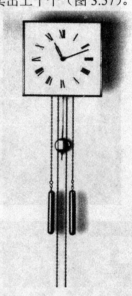

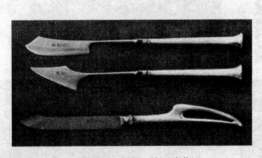

图 3.56 餐具 雷迈克斯　　　　　　图 3.57 德国 挂钟（1912 年）

五、美国的新艺术运动

新艺术在美国也有回声，其代表人物是泰凡尼（L.C.Tiffany，1848～1933），他擅长设计和制作玻璃制品，特别是玻璃花瓶。他的设计大多直接从花朵或小鸟的形象中提炼而来，与新艺术从生物中获取灵感的思想不谋而合。泰凡尼的作品在欧洲由宾负责销售，因而有较大影响（图 3.58）。

图 3.58 彩绘台灯

第五节　麦金托什与维也纳分离派

麦金托什（Charles R.Mackintosh，1868～1928）是英国格拉斯哥一位建筑师和设计师。他在英国 19 世纪后期的设计中独树一帜，并对奥地利的设计改革运动维也纳"分离派（Secession）" 产生了重要影响。虽然麦金托什和维也纳"分离派" 成员在很多方面都与新艺术运动相呼应，不少设计史家也将他们划入新艺术的范畴，但与别的新艺术流派相比，他们的设计更接近于现代主义。"青春风格"几何因素的形式构图，在他们手中进一步简化成了直线和方格，这预示着机器美学的出现。

麦金托什于 1885 年进入格拉斯哥艺术学校学习，毕业后进入一家建筑事务所工作。通过沃赛创办的《工作室》杂志，他接触了许多激进的艺术家和建筑师的作品及思想。

他的早期活动深受莫里斯的影响，具有工艺美术运动的特点。他和妻子以及妻妹、妹夫形成了一个名为"格拉斯哥四人"的设计小组，从事家具及室内装修设计工作，并参加了 1896 年在伦敦举办的一次工艺美术协会展览，但他们的第一次公开露面并没有收到很好的效果。

1897～1899 年间，麦金托什设计了格拉斯哥艺术学校大楼及其主要房间的全部家具及室内陈设，获得了极大成功，使他被公认为新艺术运动在英伦三岛唯一的杰出人物和 19 世纪后期最富创造性的建筑师和设计师。从外观上看，这座建筑带有新哥特式简练、垂直的线条，而室内设计却反映了新艺术的特点，展示了麦金托什的全部才华。

如果说霍尔塔和吉马德的主旋律是卷曲起伏的"鞭线"，麦金托什的主调则是一种高直、清瘦的茎状垂直线条，能体现出植物生长垂直向上的活力。1898 年，他设计了克莱丝顿小姐（Miss Cranston）为禁酒而开设的一系列茶厅，其装饰手法以及新颖的家具赋予了这些茶厅一种商业性的标记，这正是现代工业设计师所应做到的。他还为克莱丝顿小姐设计了著名的希尔住宅，这座住宅的建筑和室内设计都颇有影响。麦金托什一生中设计了大量家具、餐具和其他家用产品，都具有高直的风格，这反映出有时对于形式的追求也会影响到产品的结构与功能。他所设计的著名的椅子一般都是坐起来不舒服的，并常常暴露出实际结构的缺陷，制造方法上也无技术性创新。为了缓和刻板的几何形式，他常常在油漆的家具上绘出几枝程式化了的红玫瑰花饰。在这一点上，他与工艺美术运动的传统相距甚远（图3.59～3.61）。

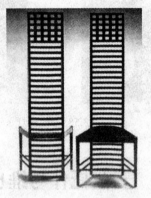

图3.59 高靠背椅子 麦金托什设计 "格拉斯哥学派" 代表作

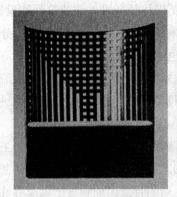  

图3.60 高直座椅 麦金托什设计　　　　　图3.61 座钟 麦金托什设计（1919年）

维也纳分离派是由一群先锋派艺术家、建筑师和设计师组成的团体，成立于1897年，是当时席卷欧洲的无数设计改革运动的组织之一。其代表人物是霍夫曼（Joseph Hoffmann，1870～1956）、莫瑟（Koloman Moser，1867～1918）和奥布里奇（Joseph M. Olbrich，1867～1908）。这个运动的口号是："为时代的艺术-艺术应得自由。"维也纳分离派是由早期的维也纳学派发展而来的。在新艺术运动影响下，奥地利形成了以维也纳艺术学院教授瓦格纳（Otto Wagner，1841～1918）为首的维也纳学派。瓦格纳在工业时代的影响下，逐步形成了新的设计观点，他指出，新结构、新材料必将导致新形式的出现，并反对重演历史式样。霍夫曼等三人都是瓦格纳的学生和维也纳学派的重要成员，1897年，他们创立了分离派，宣称要与过去的传统决裂。

霍夫曼本人的设计风格深受麦金托什的影响，喜欢规整的垂直构图，并逐渐演变成了方格网的形式，形成了自己鲜明的风格，并由此获得了"棋盘霍夫曼"的雅称（图3.62、图3.63）。他为维也纳生产同盟所设计的大量金属制品、家具和珠宝都采用了正方形网格的构图。1905 年，霍夫曼在为维也纳生产同盟制定的工作计划中声称："功能是我们的指导原则，实用则是我们的首要条件。我们必须强调良好的比例和适当地使用材料。在需要时我们可以进行装饰，但不能不惜代价去刻意追求它。"在这些话语中已体现了现代设计的一些特点。但是这种态度很快就发生了变化，特别是第一次世界大战后，霍夫曼的风格从规整的线性构图转变成了更为繁杂的有机形式，从此走向下坡路，生产同盟也于 1933 年解散（图 3.64）。

图 3.62 银质花篮 霍夫曼

图 3.63 可调节椅 霍夫曼（1905）

图 3.64 镀银咖啡具 维也纳生产同盟

　　另一位维也纳建筑师卢斯（Adolfloos，1870～1938）在设计思想上更为激进。卢斯 1893～1896 年间在美国芝加哥工作过，返回维也纳后在瓦格纳的事务所中工作，设计了一些颇有争议的住宅和商店，但他最大的影响力来自他在一些杂志上发表的有关设计的论文，其中最有名的论文名为《装饰即罪恶》，发表于 1908 年。卢斯本人身体力行地实践了自己的理论，把装饰完全排除在他的建筑和设计之外，因而显得朴素而略为刻板（图 3.65）。

图 3.65 维也纳半歇尔广场 卢斯

第六节　德意志制造联盟

1907 年，德意志制造联盟成立于慕尼黑。这是一个积极推进工业设计的舆论集团，由一群热心于设计教育与宣传的艺术家、建筑师、设计师、企业家和政治家组成，在它的成立宣言中，提出了这个组织明确的目标"通过艺术、工业与手工艺的合作，用教育宣传及对有关问题采取联合行动的方式来提高工业劳动的地位。"（图 3.66、图 3.67）。

图 3.66　1914 年科隆会展海报　　　图 3.67　　1914 年科隆大展招贴　依蒙克设计

德意志制造联盟在 1908 年召开的第一届年会上，建筑设计师菲什（Jheoder Fischen）于开幕词中明确了对机器的承认，并指出设计的目的是人而不是物，工业设计师是社会的公仆，而不是许多造型艺术家自认的社会的主宰，这些观点，都使得制造同盟以现代设计奠基者和发起人的姿态树立起在设计史中的地位。

对于制造联盟的理想做出最大贡献的人物是一位在普鲁士贸易局工作的官员穆特休斯（Herman Muthesius，1861～1927），他是一位建筑师，1896 年被任命为德国驻伦敦大使馆的建筑专员，一直工作到 1903 年。在此期间，他不断地报告英国建筑的情况以及在手工艺及工业设计方面的进展。除此之外，他还对英国的住宅进行了大量调查研究，写成了三卷本的巨著《英国住宅》，并于他返回德国后不久出版。

像许多外国人一样，穆特休斯为英国的实用主义所震动，特别是在家庭的布置方面。他写到："英国住宅最有创造性和决定价值的特点，是它绝对的实用性。"回国后他被任命为贸易局官员，负责应用艺术的教育，并从事建筑和设计工作。

作为制造联盟的中坚人物，他由于广泛的阅历和政府官员的地位等优势，对于联盟产生了重大影响。对他来说，实用艺术（即设计）同时具有艺术、文化和经济的意义。新的形式本身并不是一种终结，而是"一种时代内在动力的视觉表现"。它们的目的不仅仅是改变德国的家庭和德国的住宅，而且直接地影响这一代的特征。于是形式进入了一般文化领域，其目标是体现国家的统一。他声称，建立一种国家的美学的手段就是确定一种"标准"，以形成"一种统一的审美趣味"。

穆特休斯认识到设计教育的重要性，建议将柏林美术学校、德累斯顿美术学校、合不来兰美术学校都改成建筑与工艺美术学校，并主张要以"合理、客观、功能第一与毫无装饰"的新观念来代替传统的美术观念。

德意志制造联盟的代表人物就是彼得·贝伦斯。他出生于德国汉堡，早期从事建筑设计工作。1904 年开始，他便积极参与德意志制造同盟的组织工作，同时，又利用担任杜塞多夫艺术学院校长的职位从事设计教育的改革。

1907 年，他受聘于德国通用电器公司 AEG 的设计顾问，全面负责公司的建筑设计、产品设计以及视觉传达设计，并以统一化、规范化的整体企业形象设计创造了现代企业形象设计（CI 设计）的先河。其中，1909 年他设计的 AEG 的透平机制造车间与机械车间，由于造型简洁，适宜于功能要求而被称为第一座真正的现代建筑，他为 AEG 设计的企业标志，也一直沿用至今，成为欧洲最著名的标志之一（图 3.68、图 3.69）。另外，他运用简单的几何形式设计的功能主义风格的电风扇、台灯、电水壶等电器产品，也成为制造同盟设计思想的典范事例（图 3.70～3.75）。贝伦斯的贡献还在于他所培养的学生中出现了三位现代主义设计大师，即格罗庇乌斯、米斯·凡·德洛和勒·柯布希埃。因此，称他为现代主义设计运动的奠基人，实不为过。

图 3.68 AEG 标志　　　　图 3.69 AEG 公司的招贴画　贝伦斯设计（1912 年）

画面突出了以字体为主题的公司标志和产品，使他成为现代平面设计的奠基人之一。

图 3.70 透平机制造车间与机械车间设计图　贝伦斯

图 3.71 透平机制造车间与机械车间设计图 贝伦斯

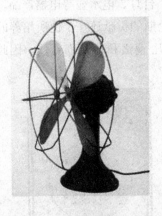

图 3.72 电风扇 贝伦斯（1908 年）

图 3.73 铜电水壶（1909 年）

图 3.74 电钟（1910 年）

图 3.75 招贴

　　贝伦斯十分强调产品设计的重要性。1910 年，他在《艺术与技术》杂志上总结他的设计观时说："我们已经习惯于某些结构的现代形式，但我并不认为数学上的解决就会得到视觉上的满足。"对于贝伦斯来说，仅有纯理性是不够的，因而需要设计。

1922 年，他在制造联盟的刊物《造型》中写道："我们别无选择，只能使生活更为简朴、更为实际、更为组织化和范围更加宽广，只有通过工业，我们才能实现自己的目标。"

但是，他又指出："不要认为一位工程师在购买一辆汽车时会把它拆卸开来进行检查，即使他也是根据外形来决定购买的，一辆汽车看上去应该像一件生日礼物。"这表明设计的直觉方面对他来说是很关键的，也反映了他对产品市场效果的关注。

德意志制造联盟十分注重宣传工作，常举行各种展览，并用实物来传播他们的主张，还出版了各种刊物和印刷品（图 3.76）。在其 1912 年出版的第一期制造联盟年鉴中，曾介绍了贝伦斯设计的厂房和电器产品。

在 1913 年的年鉴中，着重介绍美国福特汽车公司的流水装配作业线，希望将标准化与批量生产引入工业设计中。1916 年，联盟与一个文化组织合作出版了一本设计图集，推荐诸如茶具、咖啡具、玻璃制品和厨房设备等家用品的设计，其共同特点是功能化和实用化，并少有装饰，而且价格为一般居民所能承受。

这本图集是制造联盟为制定和推广设计标准而出版的系列丛书中的第一本。这些宣传工作不但在德国影响很大，促进了工业设计的发展，而且对欧洲其他国家也产生了积极的影响。一些国家先后成立了类似制造联盟的组织，对欧洲工业设计发展起了很重要的作用。

在第一次世界大战期间，制造联盟在中立国举办了一系列有影响的展览。自此以后，联盟逐渐把目光从国外转向国内，其思想中的国际主义因素让位于较实际面对经济状况的态度，强调把设计作为改善国家经济状况的一种手段。德意志制造联盟于 1934 年解散，后又于 1947 年重新建立。

图 3.76　男装海报　赫尔维因设计（1908 年）

"慕尼黑海报之王"色彩与块面的有机结合是他最大的设计特点。

第四章
现代设计运动

第一节 现代主义设计运动

一、现代主义设计

现代主义设计运动是指一批建筑师、设计师和理论家开始探求 20 世纪新的审美观。对大多数支持这一审美观的实践者来说，它不单是风格，而是一种信仰。

现代主义的主要特点是理性主义，以及从 19 世纪起突然崛起的客观精神。现代主义相信未来城市的一切都可能由机械时代的新发明和新产品制成。其另一个关键的含义是："形式服从功能。"这一口号反映了此项运动理性的、有秩序的现代设计方式。

现代主义主张创造新的形式，反对袭用传统的样式和附加的装饰，从而突破了历史主义和折衷主义的框框，为发挥新材料、新技术和新功能在造型上的潜力开辟了道路。尽管现代主义者反对任何形式的风格，但实际上现代主义的理论还是被"翻译"成了一种现代风格。这种风格是以机器隐喻为基础的，即所谓"机器美学。"用净化了的几何形式来象征机器的效率和理性，反映工业时代的本质特点。

二、现代主义运动的发展

现代主义对于几何形态的追求，往往形成了新的形式主义。另外，现代主义强调批量生产，大众消费的概念却被忽略了，与市场的联系较少。由于过分强调简洁与标准化，消费者多样性选择的权力被剥夺了，这也妨碍了现代主义在实践过程中的发展。现代主义首先是在德国兴起的，后来在法国、奥地利、意大利等国也发展起来。在英国，尽管有少数先行者的努力，但拉斯金和莫里斯的反工业化思想为接受现代主义设下了巨大障碍，直到第二次世界大战后，现代主义才在英国真正扎下根来。现代主义正是在德国的格罗佩斯、米斯和法国的柯布西埃这些杰出的建筑师、设计师的积极推动下形成的。

20 世纪 30 年代后期，格罗佩斯、米斯等一批欧洲现代主义的重要人物移民美国，由此把现代主义带到了美国，并根据不同的环境在理论上作了修改。他们在美国纽约现代艺术博物馆、哈佛及芝加哥等大学校园发现了更广大的学生和业主。在德国从未完全实现的梦想在美国变成了现实。

进行现代运动的设计师想通过大规模生产最终得出纯几何形式，他们这样做总的结果是反对装饰。现代主义者中喊得最响的口号是："少就是多"（米斯·凡德洛）。柯布西埃把房子描绘成"供人居住的机器"更加强了这些观念，他并且进一步实践了这个贯通 20 世纪的设计方法。然而，运用这种方法还不是现代运动的全部，从 20 世纪 20 年代，现代主义就不是单一的同源运动。一战后几年，现代主义者小心地删除了那些个别表现主义者的设计，从而所占阵地迅速扩大。

三、柯布西埃与机器美学

在现代艺术与设计的运动中，对于英国现代美学贡献最大的是瑞士建筑设计师柯布西埃（Le Corbusier，1887～1965）。1887 年出生于瑞士一个钟表匠家庭，1910 年曾与格罗佩斯（Walter Gropoous，1883～1969）和密斯凡德罗（Mies Van Der Rohe，1886－1969）在贝伦斯事务所工作，并受贝伦斯的重要影响，走上了现代主义设计道路。他从 20 世纪 20 年代开始直到去世为止，不断以新奇的建筑与设计思想及大量的实际作品和设计方案使世人耳目一新，并对现代物质环境的形式产生了不可估量的影响。在 1987 年这位建筑和设计大师诞辰 100 周年之际，世界各地包括中国都举行了隆重的纪念活动。

1917 年，他移居巴黎。1920 年，他与新派艺术家合编名为《新精神》的综合性杂志。1923 年，柯布西埃把他的文章汇集出版，书名为《走向新建筑》。柯布西埃对于机器的颂扬在理论上的反映就是"机器美学"。机器美学追求机器造型中的简洁、秩序和几何形式以及机器本身所体现出来的理性和逻辑性，以产生一种标准化的、纯而又纯的模式。其视觉表现一般是以简单立方体及其变化为基础的，强调直线、空间、比例、体积等要素，并抛弃一切附加的装饰。

柯布西埃最有影响，也是最受非议的一句名言就是"住房是居住的机器"；他主张用机器的理性精神来创造一种满足人类实用要求、功能完美的"居住机器"，并大力提倡工业化的建筑体系。

1925 年，在巴黎国际现代装饰与工业艺术博览会上，柯布西埃设计了有名的"新精神馆"（图 4.1）。这是一座小型的住宅，试图最大限度地利用场地，尽可能地使用标准化批

量生产的构件和五金件，以提供一幅现代生活的预想图。这座住宅的成功使柯布西埃成了
20 世纪 20 年代国际现代主义的代表人物。

图 4.1 新精神馆 柯布西埃

柯布西埃为了获得和谐统一的整体环境，常自己进行室内设计和家具设计。虽然柯布
西埃的成就主要在建筑方面（图 4.2），但是他的新思想对产品设计与室内设计有很大的贡
献，并且他自己也设计了不少经典的产品。像 1928 年设计的躺椅（图 4.3），悬空的钢管
椅架完全适应人体的曲线，表现出设计师从功能考虑的设计原则。这款钢管结构躺椅充满
了现代气息，至今仍在生产。他的另一款成立方体形的"LC2 沙发"（图 4.4），这款沙发
是 1928 年设计的，十分具有现代感，镀铬金属和皮革材料结合，稳重而对比，是现代主
义思想及建筑的浓缩和体现。直到今天，此沙发还在不断地被复制生产。

图 4.2 萨伏伊别墅 柯布西埃（1928）

图 4.3 躺椅 柯布西埃（1928）　　　　图 4.4 "LC2 沙发" 柯布西埃（1928）

第二节 格罗佩斯与包豪斯

从英国工艺美术运动开始，不少设计师在从事艺术与工业化生产结合的实践过程中，对艺术与机器的结合、艺术与经济的结合，以及在现代工业化生产条件下，艺术设计的内涵、风格、特征等进行了大量的探讨，其结果不仅使现代意义上的设计思想理论体系逐步形成，而且还导致了现代主义教育体系——包豪斯的出现。

在很大程度上说，包豪斯的出现，对现代设计艺术理论、现代主义设计艺术教育和实践，以及后来的设计美学思想等方面的作用都具有划时代的意义，它把欧洲现代主义设计艺术理论和实践推向了巅峰。同时也为德国第一次世界大战后的工业设计奠定了基础，为以后设计艺术教育体系搭建了基本的框架。

一、包豪斯的奠基人——沃尔特·格罗佩斯

格罗佩斯是 20 世纪最有影响的现代建筑师-设计师之一（图 4.5）。他所创建的包豪斯设计学校奠定了现代工业设计教学体系的基础。格罗佩斯 1883 年出生于柏林的一个建筑师家庭，青年时期曾在柏林和慕尼黑学习建筑，1907～1910 年在贝伦斯事务所工作。当时贝伦斯被聘为德国通用电气公司（AEG）的艺术顾问，从事工业产品和公司房屋的设计工作。 格罗佩斯是德意志制造联盟的成员，他相信艺术家具有"将生命注入到机器产品之中"的力量，主张"艺术家的感觉与技师的知识必须相结合，以创造出建筑与设计的新形式。"

图 4.5 格罗佩斯

1914 年，格罗佩斯被推荐接替威尔德担任魏玛工艺学校校长。他早就认为"必须形成一个新的设计学派来影响工业界，否则一个建筑师就不能实现他的理想。"1914 年 7 月第一次世界大战爆发，格罗佩斯应征入伍，他办学的事因此被搁了下来。1918 年 11 月第一次世界大战结束，德国战败，损失严重，部分艺术家与设计师企图在这个时候振兴民族的

艺术与设计。1919 年 4 月 1 日，格罗佩斯终于实现了自己的理想，在德国魏玛筹建国立建筑学校，简称"包豪斯"。

　　1910 年，格罗佩斯与青年建筑师迈耶（Adolf Meyer，1881～1929）合伙在柏林开设建筑事务所，并于次年合作设计了法古斯工厂（图 4.6），这是一个制造鞋楦的厂房。它的平面布置和体型处理主要由生产上的需要决定。立面采用大片玻璃幕墙和转角窗，显得轻巧透明并大方得体。这些手法后来成了现代建筑最常用的设计语言。

图 4.6 德国法古斯工厂　W·格罗佩斯和 A·迈耶设计

二、包豪斯的历史

　　包豪斯（Bauhaus，1919～1933），是德国魏玛市的 "公立包豪斯学校"（Staatliches Bauhaus）的简称，后改称"设计学院"（Hochschule für Gestaltung），习惯上仍沿称"包豪斯"。在两德统一后位于魏玛的设计学院更名为魏玛包豪斯大学（Bauhaus-Universit & aumlt Weimar）。它的成立标志着现代设计的诞生，对世界现代设计的发展产生了深远的影响，包豪斯也是世界上第一所完全为发展现代设计教育而建立的学院。"包豪斯"一词是格罗佩斯生造出来的，是由德文的 Bau（建筑）和 Haus（房屋）组成的，意为建筑之家，音译为"包豪斯"。

　　1919 年 4 月 1 日，格罗佩斯在德国的魏玛创立了第一所新型的现代设计教育机构——包豪斯国立建筑学校，简称包豪斯（Bauhaus），这个词是由它的创始人和第一任校长格罗佩斯生造出来的，从 1919 年到 1933 年的 14 年中，它培养了整整一代现代建筑和设计人才，也培育了整整一个时代的现代建筑和工艺设计风格，被人们称为"现代设计的摇篮"（图 4.7）。

　　包豪斯虽然办学历史不长，但它在建筑与各种艺术领域的颠覆性影响，都是任何一所现代艺术设计院校难以企及的。后来包豪斯的学生和追随者们创办的学校和机构，比如由包豪斯的学生马克思·比尔（Max Bill）创办的乌尔姆设计学院，还有格罗佩斯等在美国创建的建筑机构，其学术理念和办学模式都没有超出魏玛、德绍和柏林十四年间的包豪斯。当建筑、工业产品、工艺、生活用品、环境等所有领域都离不开设计和生产的今天，包豪斯的影响更是无处不在，无时不有。

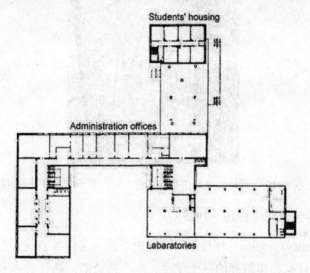

图 4.7 包豪斯校舍

作为学校的第一任校长和创始人，格罗佩斯在他的《包豪斯宣言》中明确地提出了自己的教育思想：

一切造型艺术的最终目的是完整的建筑！美化建筑曾是造型艺术至高无上的课题，造型艺术也曾是大建筑艺术不可分割的组成部分。今天的造型艺术存在着彼此分离、相互孤立的状态，只有通过所有工艺师有意识的共同努力，才能将它们从孤立的状态中拯救出来。建筑师、画家、雕塑家必须通过整体和局部，重新认识和掌握多方面的建筑因素。

旧的美术学校要产生这种统一是不可能的，因为它们连所谓的艺术都不能够传授。学校必须重新成为车间，仅由图案家和工艺家描绘和敷彩的世界，最终应该再次成为建筑起来的世界。由衷地热爱造型艺术的青年，如果能像过去那样从学习手工艺开始自己的道路，那么将来非生产的"艺术家"也就不会指责他们缺乏技艺了，因为他所掌握的手工艺给了他发挥才能的机会。

包豪斯的宗旨：创造一个艺术与技术接轨的教育环境，培养出适合于机械时代理想的现代设计人才，创立一种全新的设计教育模式（图 4.8～4.10）。

图 4.8 约翰·奥林巴赫 1919 年设计的第一个包豪斯标志　　　图 4.9 奥斯卡·施莱默 1922 年设计的第二个包豪斯标志

图 4.10 费宁格 1919 年设计的木刻作品《大教堂》，刊于《包豪斯宣言》的书名页上

1. 魏玛时期的包豪斯（1919～1925）

格罗佩斯（Walter Gropius）任校长时，提出"艺术与技术新统一"的崇高理想，肩负起训练 20 世纪设计家和建筑师的神圣使命。他广招贤能，聘任艺术家与手工匠师授课，形成艺术教育与手工制作相结合的新型教育制度。

魏玛时期是包豪斯的草创时期，在格罗佩斯的《包豪斯宣言》中所显露的观点得到了探索性实践，首先，学校一反传统的"老师"、"学生"的称谓而代之以手工艺行会性质的"师傅"和"徒弟"，并要求学生进校后要进行半年基础课训练，然后进入车间学习各种技能。因此，作为师傅的导师，不仅有传授艺术造型、色彩等绘画内容的"形式导师"，还有担任技术、手工艺和材料部分教育的"工作室导师"，二者分别从不同的角度共同完成教学工作。魏玛时期的这种教学体制的建立奠定了包豪斯发展的基础。在"形式导师"中，较早的伊顿（Johnnes Itten，1888～1967），费宁格（Lyonel Feininger，1971～1956），后来的康定斯基（Wassily Kandinsky，1866～1944），克利（Paul Klee，1897～1940）等都产生了积极的影响，尤其是接替伊顿的艺术家纳吉（Lasxlo Moholy-Nagy，1895～1946）对基础课程中构成内容的建立作出了贡献。1923 年，包豪斯举办了第一次作品展览会，取得了很大的成功。

在格罗佩斯的指导下，这个学校在设计教学中贯彻了一套新的方针、方法，逐渐形成了以下特点：在设计中提倡自由创造，反对模仿因沿袭墨守陈规；将手工艺与机器生产结合起来，提倡在掌握手工艺的同时，了解现代工业的特点；强调基础训练，从现代抽象绘画和雕塑发展而来的平面构成，立体构成和色彩构成等基础课程成了包豪斯对现代工业设计做出的最大贡献之一；实际动手能力和理论素养并重；把学校教育与社会生产实践结合起来。

在设计理论方面，包豪斯提出了三个基本观点：艺术与技术的新统一；设计的目的是人而不是产品；设计必须遵循自然与客观的法则来进行。这些观点对现代工业设计的发展起到了积极作用，使现代设计逐步由理想主义走向现实主义，即用理性的、科学的思想来代替艺术上的自我表现和浪漫主义。

基础课是包豪斯对设计教育的最大贡献。格罗佩斯引导学生如何认识周围的一切：颜色、形状、大小、纹理和质地；他教导学生如何既能符合实用的标准，又能独特的表达设计者的思想；他还告诉学生如何在一定的形状和轮廓里使一座房屋或一件器具的功用得到更大限度的发挥。格罗佩斯的教学为国立建筑工艺学校带来了以几何线条为基本造型的全新设计风格。课程方面，首先由伊顿创立了基本框架。伊顿提倡"从干中学"。但作为一个神秘主义者的伊顿，认为直觉方法与个性发展十分重要，并鼓励完全自发和自由的表现。这样便与工业设计的合作精神与理性分析出现分离。1923年伊顿辞职，由匈牙利出生的艺术家纳吉（Laszlo Moholy-Nagy，1895～1946）接替他的基础课程。纳吉是构成派的追随者，他将构成主义的要素带进了基础训练，强烈的影响了包豪斯的思想，使包豪斯开始由表现主义转向理性主义；同时，他又使包豪斯在设计上走上了另一种形式主义的道路。从1923～1925年，包豪斯技术方面的课程得到了加强，并有意识的发展了与一些企业的密切联系。

（1）包豪斯的第一批教员

约翰·伊顿（Johannes Itten）：画家，形式大师。鼓吹神秘主义，抵触唯物主义，主要成就在于设计并推出了包豪斯的初步课程（图4.11～4.14）。

里昂耐尔·费宁格（Lyonel Feininger）：画家，形式大师，擅长连环漫画和杂志中的政治画（图4.15、图4.16）。

图4.11 约翰伊顿

图4.12 伊顿学生习作研究——材料研究

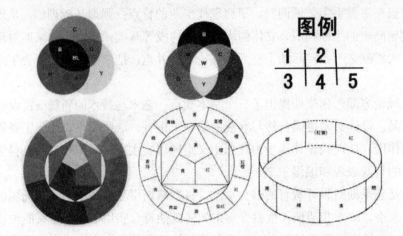

图 4.13 伊顿　色彩研究

图 4.14 伊顿　色彩研究

图 4.15 昂耐尔·费宁格（1871～1956）印刷作坊的形式大师

图 4.16 费宁格 《幼儿园孩子们的轻松探险》

格哈斯·马克斯（Gerhard Marcks）：雕刻家，形式大师。有和工厂亲身进行合作的第一手经验，其陶艺作坊办得很成功（图 4.17、图 4.18）。

奥托·多尔夫纳：作坊大师，书籍装帧。

海伦娜·波尔纳：纺织。

利奥·埃默里赫：烧制器物。

图 4.17 格哈特·马克思（1889～1981）陶艺作坊的形式大师　图 4.18 格哈斯·马克斯《猫头鹰》

（2）包豪斯的学生

学生之间有很大的差异化。学生被学校录取后在工商管理部以学徒的身份注册在案。学生们要尽量多做一些东西来卖钱，因此对学生们来说，他们强烈的感觉到自己是生活在现实世界里。

除了学生，还有熟练工人，只要他们能够通过本地行会设立的初级考试就能升级。熟练工人可以参加大师资格考试。格罗佩斯认为，有了这些熟练工人出没各个作坊，就能把学校与外面的劳作世界密切结合起来。

学生心里都十分清楚，自己正在亲身参与着一个创造历史的试验。

进包豪斯学习向来很难。就读的位置很少，全部在册学生总数不过 1 250 人，而同时在校就读的学生平均只有 100 人左右。而 6 个月的考核期结束后，相当多的人被劝退。

（3）早期成果

多恩堡的陶艺作坊：成功的实现了理想中的运作方式。"寄宿学校的特点"，"最接近包豪斯的意图"（图4.19～4.22）。

萨默菲尔德别墅：由格罗佩斯、阿道夫·迈耶设计。这件作品是一个合作成果的范例。其中的浮雕由学徒朱斯特·斯密特负责设计，有些家具由马塞尔·布劳埃设计。灯具、门把手和其他装置，则是由其他学生设计（图4.23）。

图4.19 多恩堡的陶艺作坊　　　　　　　图4.20 魏玛包豪斯的制柜作坊

图4.21 魏玛包豪斯的纺织作坊

图2.22 多恩堡的陶艺作坊作品

图 4.23 萨默菲尔德别墅

（4）第二批教员

1920～1922 年，格罗佩斯又聘请了五位形式大师，给包豪斯的发展带来了新的动力。

罗塔·施赖尔：出生于律师行业，表现主义画家，主管包豪斯的剧场作坊（图 4.24）。

奥斯卡·施莱默：画家，用几何语言作画，绘画的主题只有人。在包豪斯掌管壁画作坊，担任雕塑作坊的大师，后掌管剧场作坊（图 4.25，图 4.26）。

图 4.24 罗塔·施赖尔　　图 4.25 奥斯卡·施莱默

图 4.26 奥斯卡·施默莱 雕塑作坊

乔治·穆希：协助伊顿进行初步课程的教学及设计基础课程教学。纺织作坊的形式大师。在包豪斯的 6 年内，思想发生了巨大的变化，由具有神秘主义倾向的画者转向为建筑设计（图 4.27，图 4.28）。

图 4.27 乔治·穆希　　　　　　　　　图 4.28 乔治·穆希　霍恩街试验性住宅

保罗·克利：其绘画作品富于幻想。来到包豪斯的原因是为了所提供的经济保障。先负责书籍装帧作坊，后接管彩色玻璃作坊，在纺织作坊开设构图课（图 4.29）。

图 4.29 保罗·克利　《鱼的循环》

瓦西里·康定斯基：用理论的方式分析艺术。在壁画作坊担任形式大师，开设设计基础课，和克利交替讲课。主要研究色彩问题（图 4.30～4.32）。

1923 年包豪斯举行了第一次展览会，取得了很大的成功。展览会上，设计展品从汽车到台灯，从烟灰缸到办公楼，受到了企业家的追捧，实业家们认识到，这种仅以材料本身的质感为装饰、强调直截了当的使用功能的设计，将给他们带来巨大的利益，因为一旦这样的设计被实施生产，成本降低了而功效却会百倍的提高。格罗佩斯的国立建筑工艺学校从此扬名欧洲（图 4.33，图 4.34）。

图 4-30 瓦西里·康定斯基（1866～1944）

图 4.31　瓦西里·康定斯基的构成作品

图 4.32　莫霍利—纳吉

图 4.33　说明书封面设计（一）　　　　图 4.34　说明书封面设计（二）

　　1925 年 4 月 1 日，由于受到魏玛反动政府的迫害，包豪斯关闭了在魏玛的校园，迁往当时工业已经相当发达的小城德绍，继续着自己的事业。

2. 德绍时期（1925～1932 年）

　　包豪斯迁到德绍以后，于 1925 年出版了自己的学术刊物《包豪斯》，系统介绍学院的教学和研究成果，使包豪斯逐渐走向正规的发展道路。1926 年，包豪斯又在原有"国立包豪斯"（Des Staatliches Bauhaus）名称的基础上，又加了一个副题——"包豪斯设计学院"。同年，格罗佩斯组建建筑系，1927 年正式招生，由汉纳斯·迈耶主持该系工作。

在总结过去几年设计教育实践的基础上，包豪斯进一步充实了师资力量，在魏玛时期，教师被称为导师，现在改为教授，魏玛时代的形式导师与工作室导师的双轨体制完全被放弃。与此同时，调整了教学体系，制订了新的教学计划，把课程明确划分为：必修基础课、辅助基础课、工艺技术基础课、专业课题、理论课和与建筑专业相关的专业工程课等六大类。

汉纳斯·迈耶（Hannes Meyer）。迈耶担任校长是处在非常困难的状况下，学院内对他存在着诸多不满，社会上也颇有微词，因此，他试图通过对教学体制和人员的改革来缓解矛盾和推动学院的发展。然而，由于他极左的政治思想，并把政治问题引进到包豪斯教学中的做法，使学校政治气氛甚浓，不仅引起了一部分教师的不满而离去，而且也得罪了德绍官方。1930 年，在政府当局、学校师生的多重压力下，汉斯·迈耶被迫辞去校长职务（图4.35、图 4.36）。

图 4.35　包豪斯的教员

图 4.36　汉纳斯·迈耶（Hannes Meyer）

密斯·凡德罗（Ludwig Mies van der Rohe）。1930 年 8 月，建筑师出身的密斯·凡德罗出任包豪斯第三任校长。密斯·凡德罗接任校长以后，首先着手淡化学校的政治气氛，清除学校的左翼势力，并进行教学体制的改革，把教学重点放在建筑设计上。他认为只有建筑设计才能使设计艺术教育得到健康的发展，也就是以建筑为核心，凝聚其他专业，这种思想一直贯穿在密斯·凡德罗的任期之内，因而建筑设计得到加强（图 4.37～4.40）。

图 4.37 密斯·凡德罗（Ludwig Mies van der Rohe）

图 4.38 密斯·凡德罗 巴塞罗那椅

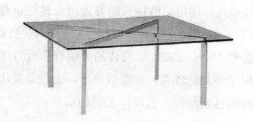

图 4.39 密斯·凡德罗 巴塞罗那桌

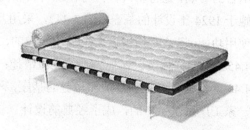

图 4.40 密斯·凡德罗 巴塞罗那休闲床

朱斯特·施密特（Joost Schmidt）在进入包豪斯之时，他已经是一位很有成就的画家，进入包豪斯之后，开始从事雕塑方面的探索，同时也对字体和平面设计非常投入。1928 年，施密特任印刷工场领导，主持平面设计和字体设计教育，一直到包豪斯 1933 年关闭为止。他是承担了把包豪斯的平面设计保持在教学体系中的关键人物（图 4.41、图 4.42）。

图 4.41 包豪斯 刊物封面

图 4.42 朱斯特·施密特 封面设计

3. 柏林时期（1932～1933 年）

密斯·凡德罗将学校迁至柏林的一座废弃的办公楼中，试图重整旗鼓，但由于包豪斯精神为德国纳粹所不容，面对刚刚上台的纳粹政府，密斯回天无力。于 1933 年 11 月被封闭，不得不结束其 14 年的发展历程。

三、包豪斯的重要设计

包豪斯的设计并不像它在课程设置和理论研究方面那样显著。包豪斯的设计，追求用最简单的方形、长方形、正方形和圆形赢得设计样式和风格的现代感。包豪斯最有影响的设计出自纳吉负责的金属制品车间和布劳耶负责的家具车间。

玛丽安·布兰德（Marianne Brandt，1893～1983）（图4.43）是现代设计历史中的重要人物，不仅因为她创造了许多20世纪最美观耐用的金属制品，还因为她在男性主导的金属制品设计领域拥有一席之地。布兰德于1923年进入包豪斯的金属制品车间学习，受到纳吉的影响，她将新兴材料与传统材料相结合，设计了一系列革新性与功能性并重的产品。她于1924年设计的茶壶（图4.44），采用几何形式，运用简洁抽象的要素组合传达自身的使用功能。茶壶是用银以人工锻制而成的，与工艺美术运动异曲同工；她设计的烟灰缸（图4.45）也同样体现了这种高雅的几何情趣；她于1926～1927年设计的"康登"台灯（图4.46），具有可弯曲的灯颈和稳健的基座，不但造型简洁优美，功能效果好，而且是莱比锡一家工厂批量生产的，成了经典的设计。这说明包豪斯在工艺设计上已趋成熟。

图4.43 玛丽安·布兰德（Marianne Brandt，1893－1983）

图4.44 金属水壶

图4.45 烟灰缸

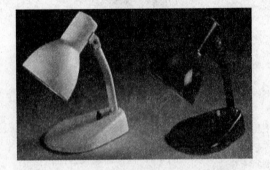

图4.46 "康登"台灯

马歇·布劳耶（Marcel Breuer，1902～1981）（图4.47）出生于匈牙利，1920年曾在维也纳艺术学院学习，后成为包豪斯的第一期学生，毕业后任包豪斯家具部门的教师，主持家具车间。在那里，布劳耶充分利用材料的特性，创造了一系列简洁、轻巧、功能化并适于批量生产的钢管椅，造型轻巧优雅，结构简单，成为他对 20 世纪现代设计做出的最大贡献。

布劳耶 1925 年设计了世界上第一把钢管椅子，为了纪念他的老师瓦西里·康定斯基，故而取名为"瓦西里椅子（Wassily chair）"（图 4.48）。

图 4-47　马歇·布劳耶（Marcel Breuer，1902－1981）　　图 4.48　瓦西里椅子（Wassily chair）

第三节　二战后的工业设计

现代工业设计诞生于包豪斯，但随着包豪斯的关闭和第二次世界大战的爆发，对现代设计的探索随同经济、社会发展一样出现了停滞。二战后，随着战后的重建和经济的复苏，现代工业设计随着商业经济的发展取得了巨大的进步，其中美国的现代设计的发展影响着世界现代设计的兴起和发展。在美国的现代设计中商业经济对产品设计的推动和现代设计的职业化和制度化的出现起了重要作用，并对其他国家产生了巨大的影响。

20 世纪 50 年代后期，随着科学技术的发展，国际间贸易的扩大，各国有关学术组织相继建立，为适应工业设计开展国际间交流的需要，国际工业设计协会于 1957 年 4 月在英国伦敦成立，其事物所设立在比利时的首都布鲁塞尔。国际学术组织的建立和学术活动的广泛开展，标志着该学科走上了健康发展的道路。受战争影响，物质短缺，此时设计观念却发生了全新的变化，人们把对变化后的设计称为"当代风格"，它不仅是一种新设计风格，更代表着未来的图景。战争给人们留下共同的任务和事业，这就是重建未来，所以"当代风格"并不是一种时髦的设计风格，而是实实在在为人们设计各种东西。这些物品要求达到灵活、简洁的效果。

一、美国战后工业设计的飞速发展

第二次世界大战后重要的设计国家之间的实力平衡被打破。由 20 世纪初支配国际设计局面的国家如法国和德国，到 20 世纪 50 年代逐渐被意大利、美国和斯堪迪纳维亚国家所代替。

　　20 世纪 50 年代美国设计很突出，在各种消费商品工业设计和生产上，都占世界的领导地位。美国设计风格奢华。它是消费者的庆典设计，与欧洲设计不同。美国的工业设计在战前已打下了良好的基础，在战争中也没有受到很大的破坏，因而在战后其工业设计迅速发展，并继续对其他国家产生重大影响。在战后相当一段时间内，以包豪斯理论为基础发展起来的现代主义和强调商业利益的所谓"商业设计"都产生了较大影响。

　　20 世纪 40～50 年代新材料和新工艺的不断涌现，促进了美国家具与室内设计的发展，形成了强调弹性结构、强调家具的可移动组合的有机设计风格，乃至成为这一时期西方各国主要流行的室内设计风格。其代表人物有查尔斯·依姆斯和埃罗·沙里宁（图 4.49～4.51）。

图 4.49 沃森 40 年代设计的台灯

图 4.50 依姆斯设计的椅子

图 4.51 沙里宁设计的"郁金香"椅

　　战后美国的综合国力处于最鼎盛的阶段，20 世纪 50 年代经济的繁荣导致了消费的高潮，从而极大地刺激了商业性设计的发展。计划废止制就是在这样的背景之下产生的（图 4.52、图 4.53）。

图 4.52 克莱斯勒 1955 年生产的战斗机式小汽车

图 4.53 克莱斯勒生产的小汽车

　　但在其他一些工业设计领域，许多产品并不像汽车那么夸张。大量产品投入市场确实有选择的多样性，但又使得消费者不易于了解产品的功能质量，而使选择遇到了困难，因此不愿接受过于标新立异的东西。这就使得设计师不能沉醉于纯形式的研究，而必须在创新与消费者认同之间作出平衡（图4.54～4.56）。

图4.54　罗维设计的微型按钮电视机

图4.55　罗维设计的可口可乐零售机

图4.56　罗维的"空军一号"色彩设计

二、战后意大利设计的恢复和重建

　　20世纪40～50年代是意大利的重建时期，是意大利法西斯统治结束后民族物质文明和精神文明的重建，也是意大利设计的恢复和重建，成为真正奠定意大利现代设计面貌的基础的重要阶段。意大利设计十分现代，它的设计家走出一条新道路。"三周年纪念节"，每三年在米兰举行一次展览，不仅展出意大利人的设计潮流和信心，而且鼓励同行之间相互交流，大大丰富了意大利的设计（图4.57～4.60）。

图4.57　阿斯卡尼奥于1946年设计的"维斯柏"98CC小型摩托

图4.58　庞帝设计的便器

图 4.59 拉特拉 22 型打字机　　　图 4.60 摩尔的雕塑设计草图

三、斯堪的纳维亚国家设计的发展

别具一格的斯堪的纳维亚设计风格早在 20 世纪 30 年代就逐渐形成，并受到世界各国的喜爱和关注。20 世纪 40～50 年代逐渐成熟。受英国的影响，战后斯堪的纳维亚国家为提高工业设计水平纷纷成立专门部门，控制产品质量与标准生产，这成为战后北欧设计飞速发展的一个重要因素。

斯堪的纳维亚是欧洲一个设计上很有实力的地区，包括瑞典、丹麦、芬兰。它的特征是设计简朴，功能性好，而且是每个人都买得起的日常用品或工业产品。如玻璃器皿、家具、织品和陶器（图 4.61～4.65）。

图 4.61 汉宁森 PH 灯

图 4.62 艾格里和胡高的电动打字机　　　图 4.63 沙逊为沙巴公司设计的小汽车

图 4.64　维纳设计的男仆椅　　　　图 4.65　雅各布森设计的天鹅椅

四、60 年代波普审美观

英国自从 19 世纪末轰轰烈烈的工艺美术运动以来，其工业设计一直远远落后于后起之秀德国、美国等国，在世界工业设计界默默无闻。但 20 世纪 60 年代起源于英国的波普艺术却让英国设计重新站在了世界最前卫设计探索的潮头，而影响到美国、法国和意大利等欧洲国家的前卫设计，形成了当时最具时代特征的风格——波普设计风格。

波普（Pop）来源于英语"大众化"（Popular），但当它与 20 世纪 60 年代的文化、艺术、思想、设计建立起密切联系以来，就不仅是指大众享有的文化，而更加具有反叛正统的意义。波普艺术主张艺术反映生活就应把那些最常见、最流行、最为人熟知的物品搬进画面中来。并用最通俗、最平淡、最为人熟知的方式加以表现，其主张是建立在现代社会工业化产品的普及和无孔不入之上的。

波普风格的设计运用大众文化、商业艺术形象，通俗易懂地表达了设计师的观念，有很强烈的时代感和吸引力。设计上的形象大多来自人们熟悉的生活，如名人、大众偶像、民间艺术、工业产品和各类商品等，通过幽默、夸张等手法，产生了很强的艺术感染力和视觉冲击力（图 4.66～4.74）。

英国的波普设计具有形形色色、多种多样的折衷特点，但都具有一个共同点：既对正统的现代主义、国际主义设计的反动，带有一种对社会、对传统的玩世不恭的反叛和戏虐。波普设计是一个形式主义的设计风潮，其追求新奇古怪的宗旨最终缺乏社会文化的坚实依据，其设计违背了工业设计的机械化生产、人体工学、经济实用等基本原则，最终成为了一闪即逝的真正流行风格。但它对现代主义设计观产生了很大冲击，活跃在 20 世纪 60 年代的设计氛围，并对后来的后现代主义设计产生了间接的思想影响。

图 4.66《25 个着色的梦露》 安迪·沃霍尔（1962 年）　　图 4.67　人体模特家具 阿伦·琼斯（1969 年）

图 4.68　斑点椅　彼得·默多克（1963 年）

 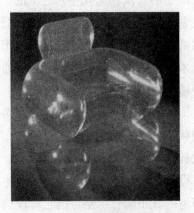

图 4.69　Sacco 椅子 Gatti, Paolini, Teodoro（1968 年）图 4.70　Blow 椅 De Pas, D'Urbino, Lomazzi（1967 年）

图 4.71 UP 系列沙发 盖当诺·佩西（1969 年）

图 4.72 "大草坪"椅 Strum 小组（1966~1970 年）图 4.73 No.577 舌头椅 Pierre Paulin（1967 年）

图 4-74 室内设计 Verner Panton（1970 年）

第四节　当代设计发展现状及展望

一、设计和后现代主义

在工业设计发展的历史上，后现代主义风格的产品设计主要受到后现代主义建筑风格的影响；同时，后现代主义的建筑师乐于充当产品设计师的角色。他们设计的作品对工业设计界的后现代主义起了巨大的推动作用。

20世纪60年代，现代主义已成为教条，现代主义的前卫性、激进性逐渐被商业性取代，成为一种单纯的商业特征。现代主义在美国的发展，导致国际主义的盛行。现代主义初期的理想主义色彩和民主主义色彩渐渐被单调的、缺乏人情味的国际主义设计风格取代，并且在60年代逐渐达到顶峰，形成垄断的设计风格。与此同时，改革现代主义冷漠、理性、非人性化的呼声也达到了顶峰。后现代主义最早的起点是对现代主义原则和价值的批判性立场。后现代主义来源于建筑运动，1966年，美国著名建筑师文丘里发表了《建筑的复杂性与矛盾性》，被视为后现代主义的宣言书，提出了"少就是乏味"的观点，提出了建筑应该有复杂、综合、折中、象征和历史主义表现语言。1972年，他又发表了《向拉斯维加斯学习》，提出了自己的后现代主义原则。在产品设计上，后现代主义的建筑师同时也是产品设计师。文丘里在产品设计领域内的最大成就，是为诺尔公司设计的一系列桌椅（图4.75），1983年为意大利阿莱西公司设计的一套带乌木把手的镀银咖啡具（图4.76），1984到1986年间为斯韦德鲍威尔公司设计的一组瓷器。这些设计都带有强烈的后现代主义特色。

图4.75 文丘里设计的椅子

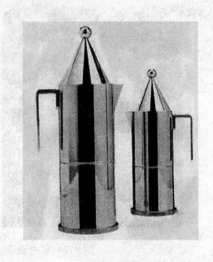

图4.76 咖啡具

后现代主义的重要代表就是意大利的"孟菲斯"设计集团。"孟菲斯"成立于 1980 年 12 月，由著名设计师索特萨斯和 7 名青年设计师组成。以"孟菲斯"一词为名，含有将传统文化与流行文化相结合的含义。"孟菲斯"反对一切固有观念，反对将生活铸成固定模式，并认为功能不是绝对的，而是有生命的，发展着的，是产品和生活中的一种可能的关系；另一方面，功能不仅是物质上的，同时也是精神上的、文化上的，产品不仅要有使用价值，更要表达一种文化内涵。"孟菲斯"开创了一种无视一切模式和突破所有清规戒律的开放性设计思想，随后迅速发展成为国际性设计集团。索特萨斯认为，设计就是设计一种生活方式，因而设计没有确定性，只有可能性；设计不仅要按当代条件有效思考，还应采取某种不受时间限制的永久性方式，他反对一切唯功能论，包括包豪斯精神及形而上学的理性化，非个人化的设计教条。他力图通过产品的再设计，寻找通往个人自我发展的道路。"孟菲斯"设计了许多家具和家庭用品，造型上别出心裁，装饰上亦以抽象图案为主，色彩夸张，对比强烈。索特萨斯于 1981 年设计的"博古架"是"孟菲斯"设计的经典作品之一（图 4.77）。

图 4.77 索特萨斯设计的博古架

后现代主义是在反现代设计中成长和发展起来的。从本质上讲，现代主义的内核几乎没有可能被抛弃，现代主义强调功能的基本要素，基本原则是没有受到动摇的。这个设计运动的核心内容，依然是现代主义国际主义的框架，只不过是产品外表增加的一层装饰主义的外壳。作为一种文化现象，它是社会和时代的产物。后现代主义是一种广泛的社会文化现象，更是一种艺术设计思潮或设计运动。

设计不是一种个人意念的行为，它有着自身独特的方向。它反映并成为当代方法和社会的部分。20 世纪 80 年代是设计迅速繁荣的年代，首先表现在设计业的迅速扩展，诞生了一系列专业的设计公司。90 年代，环球企业如索尼、IBM 在设计上大量投资，将设计引入跨学科多组织层次的方式。这些组织层次人员包括电子工程师、社会学家、产品管理人员和个体服务者及设计师。

伴随着行业设计组织的发展，出现了个人设计明星。如意大利的时尚设计师阿玛尼（Gorgio Armani）和维沙思（Gianni Versace）。他们像电影明星一样。设计的新地位被媒介频频揭示。时尚树立了对设计师的尊重。但这种态度在 20 世纪 90 年代中、后期消失了，消费主义被新的自我意识所取代，称为新时代的价值观。

二、新时代设计的发展趋势

新时代影响设计领域和方向的首先是绿色（环保）问题。生态问题常被称为"绿色"，代表了一个重要的世界政治和经济集团。"绿色"观点起源于 20 世纪 60 年代，但到 80 年代末绿色主题材成为主流。工业界确立了法律条令，力图抑止污染和大面积自然资源如热带雨林的破坏，亦控制杀虫剂的随意使用。

影响设计的第二个倾向是新技术的发展。包括计算机辅助设计、机器人技术、信息技术。例如，苹果——马金托什计算机，消除了复印文本和拼版工作的需要，磁盘直接送到印刷机、或者计算机之间能直接"对话"。复印设备的传统手段已被灵敏的显示技术所取代。另一个重要的技术进步领域是机器人技术的发展。机器人现在能执行复杂的任务，利用传感器监测温度、压力和密度的变化。

20 世纪 80 年的以来，微电子技术不断创新，引发了计算机技术以及网络信息技术的迅猛发展，我们的社会迈进信息新时代。如此巨大的变革，也对人类社会的经济、政治文化产生了深远的影响。工业设计作为人类技术与文化的融合点，也在这场变革的冲击与挑战下，发生了前所未有的重大变化。

新一轮科技革命对工业设计的影响是广泛而深入的。一方面，高科技为工业设计开辟了新领域，先进的技术与优秀的设计相互滋养，人性化的设计使高科技更能方面地为人服务，新技术又能使设计是的开拓想象空间成为可能；另一方面，计算机信息技术的应用给工业设计带来了新的技术手段，不仅深刻的改变了设计的程序与方法，而且也转变了设计师们的思维与观念。

"虚拟现实"是计算机技术的又一大突破。它是给予媒体技术发展的一个名字，他答应送给观者有形的生动世界，使观者成为积极的参与者而不是被动的观察者。设计师将能够创造三维物体并把它们放入"虚拟"空间，委托人将于动工之前观看并使用"完工"的建筑和室内装修，广告公司能为客户生产交互式的广告。

20 世纪 90 年代的设计并未提出对于流程和审美的单一观念。经济的衰退加强了限制，并给予设计重新考虑方向的机会。迈入 21 世纪，设计正面临着新的挑战。后现代主义环境有助于产生更为复杂的消费者，并为设计打开了一个拥有丰富多彩的文化参照体系的世界。21 世纪，技术将重新构造我们的整个世界。

设计的多元化，为现代设计提供了更为丰富广阔的舞台。同时，随着技术的进步，我们随之进入了信息化设计，在信息化社会中的工业设计，又有了自身的新特点。

第五章
设计类型

　　对于设计类型的划分，不同的设计师和理论家曾根据各自不同的观点进行过不同的归类。一般说来，多数专家学者把设计分成平面设计、立体设计和空间设计；或是将设计分为二次元、三次元和四次元的设计；也有将设计分成建筑设计、工业设计和商业设计三大类。此外，还有一种观点是将设计归纳为视觉、产品、空间、时间和时装设计等五个领域，把建筑、城市规划、室内装饰、工业设计、工艺美术、服装、电影电视、包装、陈列展示、装潢等系统地划分在五个领域之中。

　　以上诸种划分试图从不同的角度对设计进行全面的概括。但是，随着现代科技的高速发展和设计领域的不断扩展，过去的划分已很难适应当今社会纷繁复杂的设计现象和设计活动。近些年来，越来越多的设计师和理论家倾向于按设计目的的不同，将设计大致划分成：为了传达的设计——视觉传达设计；为了使用的设计——产品设计和为了居住的设计——环境设计三大类型。这种划分方法的原理，是将构成世界的三大要素："自然—人—社会"作为设计类型划分的坐标点，由它们的对应关系，形成相应的三大基本设计类型。如图 5.1 所示。

图 5.1 自然—人—社会

因此，这种划分具有相对广泛的包容性、正确性和科学性（表 5.1）。

表 5.1 设计分类表

维度	横向分类			纵向分类
	视觉传达设计	产品设计	环境设计	
二维平面设计	字体设计 标志设计 插图设计 编排设计 （书籍装帧、 海报、报刊、 册页、贺卡、 影视平面设计……）	纺织品设计 壁纸设计		系统设计及非系统设计
三维立体设计	包装设计 展示设计	手工艺设计 工业设计 （家具设计、 服饰设计、 交通工具设计、 日用品设计、 家用电器设计、 文教用品设计、 机械设计……）	城市规划 建筑设计 室内设计 室外设计 （景观设计、园林设计） 公共艺术设计	
四维设计	舞台设计 影视设计 （影视节目、广告、 动画片设计……）			

不同的设计类型，各有其特殊的现实性和规律性，同时又都遵循着设计发展的共同规律，并在此基础上相互联系、相互渗透、相互影响。

第一节 视觉传达设计

一、视觉传达设计的含义

在定义视觉传达设计的概念之前，有必要先了解"视觉符号"与"传达"这两个概念。

广义的符号，是利用一定媒介来代表或指称某一事物的东西。符号是实现信息贮存和记忆的工具，又是表达思想情感的物质手段。人类的思维和语言交流都离不开符号。符号具有形式表现、信息叙述和传达的功能，是信息的载体。只有依靠符号的作用，人类才能进行信息的传递和相互的交流。

所谓传达，是指信息发送者利用符号向接受者传递信息的过程。它既可能是个体内的传达，也可能是个体之间的传达。包括所有的生物之间、人与自然、人与环境以及人体内的传达。一般可以归纳为"谁"、"把什么"、"向谁传达"、"效果、影响如何"这四个程序。

视觉传达设计，就是利用视觉符号来进行信息传达的设计。设计师是信息的发送者，传达对象是信息的接收者。信息的发送者和接收者必须具备部分相同的信息知识背景，就是说：信息传达所用的符号至少有一部分既存在于发送者的符号贮备系统中，也存在于接收者的符号贮备系统中。只有这样，传达才能实现，否则，在发送者与接收者之间就必须有一个翻译或解说者作为中间人来沟通。所以，信息传达设计中作为发送者的设计师必须针对接收者，根据接收者的知识背景与传达内容来选择符号媒介，这是传达设计的基本原则。

"视觉传达设计"一词于20世纪20年代开始使用，而正式形成于60年代。"视觉传达设计"简称"视觉设计"，是由英文"Visual Communication Design"翻译而来。但是在西方，普遍仍使用"Graphic Design"一词。英文"graphic"源于希腊文"graphicos"，原义为描绘dmwing或书写writing，通过德语"graphik"转用而来。视觉传达设计在过去习称商业美术或印刷美术设计，当影视等新映像技术被应用于信息传达领域后，才改称视觉传达设计。在西方，有时也称之为信息设计Information Design。

视觉传达设计的主要功能是传达信息，有别于直接使用功能为主的产品设计和环境设计。它是凭借视觉符号进行传达，不同于靠语言进行的抽象概念的传达。视觉传达设计的过程，是设计者将思想和概念转变为视觉符号形式的过程，而对接收者来说，则是个相反的过程。

随着现代通讯技术与传播技术的迅速发展，人类社会加快了向信息时代迈进的步伐。视觉传达设计也正在发生着深刻的变化，例如传达媒体由印刷、影视向多媒体领域发展；视觉符号形式由平面为主扩大到三维和四维形式；传达方式从单向信息传达向交互式信息传达发展。在未来更高级的信息社会，视觉传达设计将有更大的进步，发挥更大的作用。

二、视觉传达设计的构成要素

在纷繁复杂的视觉符号系统中，文字、标志和插图是视觉传达设计的基本构成要素。

1. 文字

从视觉角度上讲，任何形式的文字都具有图形含义。文字设计不仅仅是字体造型的设计，还是以文字的内容为依据进行艺术处理，使之表现出丰富的艺术内容和情感气质的设计。文字设计主要内容：研究字体的合理结构、字形之间的有机联系、文字的编排。

文字是人类祖先为了记录语言、事物和交流思想感情而发明的视觉文化符号，对人类文明起了很大的促进作用。文字主要有象形、表意和表音三种类型。

象形文字：利用绘画表现思想、记录事实；表意文字和表音文字：在形式上都有抽象的含义，并且是依照一定的构成法则组成；传统的字体：往往有衬线，并可以从中看到镌刻字体所运用的工具的痕迹；过渡性的字体：大多数虽然也有衬线，但是字体中的粗细反差已经不明显；现代的字体：更加趋向清晰简洁，衬线已经完全被去除，线条没有粗细之分；今后的数码文字：将更加灵活、自由，使所有的文字尝试都成为可能。

经过数千年的文明历程，世界文字在数量、种类和造型等方面都有了很大的发展，据统计英文字母有近五万种，汉字也有近五万个。

文字主要可划分为中文字和外文字。中文字以汉字为主，另外还有蒙古文、藏文、回文和壮文等。外文中以英文为主，此外还有法文、德文等与拉丁文相近的文字，在亚洲地区还有日文、朝鲜文、越南文等文字（图5.2）。

图 5.2 文字设计

2. 标志

标志是狭义的符号，有时称标识、标记、记号等。它以精炼的形象代表或指称某一事物，表达一定的涵义，传达特定的信息。相对于文字符号，标志表现为一种图形符号，具有更直观、更直接的信息传达作用。标志是表明事物特征的记号。它以单纯、显著、易识别的物象、图形或文字符号为直观语言，除表示什么、代替什么之外，还具有表达意义、情感和指令行动等作用。标志，在现代汉语词典中的解释是：表明特征的记号，是一个事物的特征。

标志设计不仅是一个符号而已，标志的真正意义在于以对应的方式把一个复杂的小物用简洁的形式表达出来。标志是设计中的"小品"，但也是设计中最难的。它有以小见大、以少胜多、以一当十的选择性特点。标志设计通过文字、图形巧妙组合创造一形多义的形态，比其他设计要求更集中、更强烈、更具有代表性。突出的表现在于设计概括的形象化，以单纯、简洁、鲜明为特征，令人一目了然；简练、准确而又生动有趣，其有即时达意的传达功效。

标志，作为人类直观联系的特殊方式，不但在社会活动与生产活动中无处不在，而且对于国家、社会集团乃至个人的根本利益。都显示出其极重要的独特功用。

标志对于发展经济、创造经济效益、维护企业和消费者权益等具有重要的实用价值和法律保障作用。各种国内外重大活动、会议、运动会以及邮政运输、金融财贸、机关、团体及至个人（图章、签名）等几乎都有表明自己特征的标志，这些标志从各种角度发挥着沟通、交流和宣传作用，推动社会经济、政治、科技、文化的进步，保障各自的权益。随着国际交往的日益频繁，标志的直观、形象、不受语言文字阻碍等特性极其有利于国际间的交流与应用，因此国际化标志得以迅速推广和发展，成为视觉传送最有效的手段之一，成为人类共通的一种直观联系工具。

正如文字在不同的上下文中，意义可能不一样，标志在不同的使用环境，传达信息也可能不一样。

标志有多种类型。按性质分类，标志可分为指示性标志和象征性标志。指示性标志与其指示对象有确定的直接的对应关系，例如红色的圆表示太阳，箭头表示对应的方向等。而象征性标志不仅可以表示某一事物及其存在性，而且可以表现出包括其目的、内容、性格等方面的抽象概念，例如公司徽和商标等。

按使用主体分，标志可分为公共标志和非公共标志。公共标志指公众共同使用的标志。非公共标志是指专属某机构、组织、会议、会计、私人或物品使用的标志（图 5.3）。中国人的印章、欧洲贵族的纹章和日本人的家族徽章等，均属此类。

图 5.3 标志设计

3. 插图

插图是指插画或图解。

插图运用图案表现的形象，本着审美与实用相统一的原则，尽量使线条，形态清晰明快，制作方便。插图是世界都能通用的语言，其设计在商业应用上通常分为人物，动物，商品形象。

人物形象：插图以人物为题材，容易与消费者相投合，因为人物形象最能表现出可爱感与亲切感，人物形象的想象性创造空间是非常大的。人物的脸部表情是整体的焦点，因此描绘眼睛非常重要。其次，运用夸张变形不会给人不自然不舒服的感觉，反而能够使人发笑，让人产生好感，整体形象更明朗，给人印象更深。

动物形象：动物作为卡通形象历史已相当久远，在现实生活中，有不少动物成了人们的宠物，这些动物作为卡通形象更受到公众的欢迎。在创作动物形象时，必须十分重视创造性，注重于形象的拟人化手法，比如，动物与人类的差别之一，就是表情上不显露笑容。但是卡通形象可以通过拟人化手法赋予动物具有如人类一样的笑容，使动物形象具有人情味。运用人们生活中所熟知的，喜爱的动物较容易被人们接受。

商品形象：是动物拟人化在商品领域中的扩展，经过拟人化的商品给人以亲切感。个性化的造型，有耳目一新的感觉，从而加深人们对商品的直接印象，以商品拟人化的构思来说，大致分为两类：

第一类为完全拟人化，即夸张商品，运用商品本身特征和造型结构作拟人化的表现。

第二类为半拟人化，即在商品上另加上与商品无关的手、足、头等作为拟人化的特征元素。

以上两种拟人化塑造手法，使商品富有人情味和个性化。通过动画形式，强调商品特征，其动作，言语与商品直接联系起来，宣传效果较为明显。

传统的插图主要用来形象地表现文字叙述的内容，是作为文字的说明补充而存在。今天作为设计要素的插图，不仅有说明补充的作用，更因为其造型和色彩等诸方面的引人注目性，而发挥着视觉中心的信息传达作用（图5.4）。

插图表现的形象有产品本身，产品的某部分，准备使用的产品，使用中的产品，试验对照的产品，产品的区别特征，使用该产品能得到的收益，不使用该产品可能带来的恶果，证词性图例等等。表现方法主要有摄影插图，绘画插图（包括写实的、纯粹抽象的、新具象的、漫画卡通式的、图解式的等）和立体插图三大类。

摄影插图是最常用的一种插图，因为一般消费者认为照片是真实可靠的，它能客观的表现产品。作为招贴广告的摄影插图与一般的艺术摄影之最大不同之处就是它要尽量表达商品的特征，扩大产品的真实感，而艺术摄影为了追求某种意境，常将拍摄对象的某些真实特征作艺术性的减弱。

绘画插图多少带有作者主观意识，它具有自由表现的个性，无论是幻想的，夸张的，幽默的，情绪的还是象征化的情绪，都能自由表现处理，作为一个插画师必须完成消化广告创意的主题，对事物有较深刻的理解，才能创作出优秀的插画作品。自古绘画插图都是由画家兼任，随着设计领域的扩大，插画技巧日益专门化，如今插画工作早已由专门的插画家来担任。

立体插图是应用于招贴广告中的一种极富表现力的插图形式，目前在国内还较少见，但从国际上招贴广告发展来看，已是必然趋势。它的制作方法是：根据广告创意先做一件立体构成形式的作品，再拍成照片，用于招贴广告画面中。这就要求招贴设计师和插画师不仅要有较好的平面设计能力，还要具备扎实的立体构成基础。立体插图的另一种方法就是以描画来表现出立体形象，是在二维纸面上表现出的三维空间的幻象。总之，现代插画已不再局限在二维表现空间范围，仅靠二维表现技法已不适应现代插画设计的要求。

图 5.4　插图设计

三、视觉传达设计的领域

1. 字体设计

文字是约定俗成的符号。文字形态的变化，不影响传达的信息本身，但影响信息传达的效果。因此，有必要运用视觉美学规律，配合文字本身的含义和所要传达的目的，对文字的大小、笔划结构、排列乃至赋色等方面加以研究和设计，使其具有适合传达内容的感性或理性表现和优美的造型，能有效地传达文字深层次的意味和内涵，发挥更佳的信息传达效果，这就是字体设计。

字体设计主要有中文字体设计和西文字体设计。设计字体包括基础字体设计变化而成的变体、装饰体和书法体等。

字体设计被广泛运用于标志设计、广告橱窗、包装、书籍装帧等设计中。它通常必须与标志、插图等其它视觉传达要素紧密配合，才能取得完美的设计效果,发挥高效的传达作用。

2. 标志设计

作为大众传播符号的标志，由于具有超过文字符号很强的视觉信息传达功能，所以被越来越广泛地应用于社会生活的各个方面，在视觉传达设计中占有极其重要的地位。

标志设计必须力求单纯，易于公众识别、理解和记忆，强调信息的集中传达，同时讲究赏心悦目的艺术性。设计手法有具象法、抽象法、文字法和综合法等。

3. 插图设计

插图具有比文字和标志更强烈、更直观的视觉传达效果。作为视觉传达设计的设计要素之一，插图设计被广泛应用于广告、编排、包装、展示和影视等设计中。插图设计不同于一般性的绘画和摄影摄像，它受指定信息传达内容与目的的约束，而在表现手法、工具和技巧等方面，则是完全自由的。

插图的设计必须根据传达信息、媒介和对象的不同，选择相应的形式与风格。

4. 编排设计

编排设计，即编辑与排版设计，或称版面设计，是指将文字、标志和插图等视觉要素进行组合配置的设计。就是在版面上有限的平面"面积"内，根据主题内容要求，运用所掌握的美学知识，进行版面的"点、线、面"分割，运用"黑、白、灰"的视觉关系，以及底子或背景的色彩"明度、彩度、纯度"合理应用，文字的大小，色彩，深浅的调整等，设计出美观实用的版面。目的是使版面整体的视觉效果美观而易读，以激起观看和阅读的兴趣，并便于阅读理解，实现信息传达的最佳效果。

编排设计是平面设计中重要的组成部分，也是一切视觉传达艺术施展的大舞台。编排设计是伴随着现代科学技术和经济的飞速发展而兴起的，并渗透着文化传统、审美观念和时代精神风貌等方面气息，被广泛地应用于报纸广告、招贴、书刊、包装装潢、直邮广告（DM）、企业形象（CI）和网页等所有平面、影像的领域。为人们营造新的思想和文化观念提供了广阔天地，编排设计艺术已成为人们理解时代和认同社会的重要界面。

编排设计主要包括书籍装帧和书籍、报刊、册页等所有印刷品的版面设计，以及影视图文平面设计等。当编排的是广告信息内容时，便同时属于广告设计；当编排的是包装的版面时，便又属于包装设计。

过去，一讲到编排设计，人们自然把它局限于书籍、刊物之中。还有人认为编排设计只是技术工作，不属于艺术范畴，所以不重视它的艺术价值。更有的认为排版设计只要规定一种格式即可，放上字体而不需要什么设计。长期忽视整体考虑，仅在图片和图形上下功夫。这种保守的、传统的设计风格观念上的错误，严重阻碍着版面艺术的发展。

实际上，版面不再是单纯的技术编排，编排设计是技术与艺术的高度统一体。而信息传达之道，靠的就是设计的艺术。随着社会的不断进步、生活节奏的加快和人们的视觉习惯的改变，要求设计师们要更新观念，重视版面设计，吸收国外现代思潮，改变以往的设计思路。

设计师不仅要把美的感觉和设计观点传播给观众，更重要的是广泛调动观众的激情与感受。读者在接受版面信息的同时，并获得娱乐、消遣和艺术性的感染。

文字编辑、图版设计和图表设计是构成编排设计的三个设计要素，它们各自具有独特的设计特征与手法，但是通常需要综合运用三个要素设计，才能达到整体版面易读美观的效果。此外，还须根据传达内容的性质、媒体特点和传达对象的不同，进行综合分析研究，确定最佳的编排版式（图 5.5）。

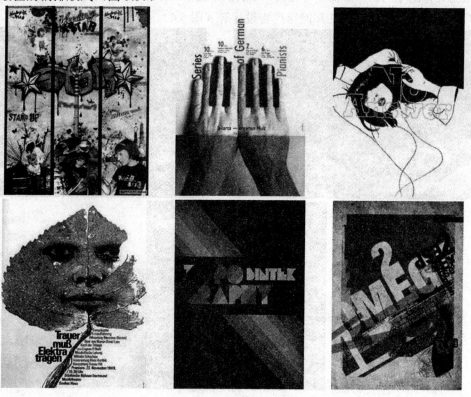

图 5.5 编排设计

5. 广告设计

广告，简单的说就是广而告之。广告分为公益广告与商业广告，公益广告是指不以盈利为目的的广告，如政府行政部门、社会事业单位乃至个人的各种公告、启事、声明等。商业广告是指以盈利为目的所进行的商业活动宣传的广告。如企业、社会事业单位乃至个人所发布的各种招商、销售、推销等等的广告

作为视觉传达设计的广告设计，是利用视觉符号传达广告信息的设计。是指从创意到制作的这个中间过程。广告设计是广告的主题、创意、语言文字、形象、衬托等五个要素构成的组合安排。广告设计的最终目的就是通过广告来达到吸引眼球的目的。

广告的本质有两个，一个是广告的传播学方面，广告是广告业主达到受众群体的一个传播手段和技巧，另一个指广告本身的作用是商品的利销。总体说来，广告是面向大众的一种传播；艺术的高雅性决定了它的受众只能是少数人，而不是绝大多数人。

所以成功的广告是让大众都接受的一种广告文化，而不是所谓的脱离实际的高雅艺术。广告的效果从某种程度上决定了它是不是成功的。

广告有五个要素：广告信息的发送者（广告主）、广告信息、信息接收者、广告媒体和广告目标。广告设计就是将广告主的广告信息，设计成易于接收者感知和理解的视觉符号（或结合其他符号），如文字、标志、插图、动作（和声音）等，通过各种媒体传播。

根据媒体的不同，广告设计可分为：印刷品广告设计、影视广告设计、户外广告设计、橱窗广告设计、礼品广告设计和网络广告设计等（图 5.6）。

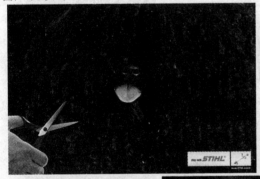

图 5.6 广告设计

6. CI 设计

CI 设计是广告设计领域的一种新形式（图 5.7）。一般是为了创造理想的经营环境，而有计划地以企业标志、标准字和标准色等要素设计为中心，将广告宣传品、产品、包装、说明书、建筑物、车辆、信笺、名片、办公用品,甚至账册等所有显示企业存在的媒体都加以视觉的统一，以达到树立鲜明的企业形象，增强企业员工的凝聚力，提高企业的社会知名度等目的。

图 5.7 CI 设计

　　CI 是一种系统的名牌商标动作战略,是企业的目标、理念、行动、表现等为一体所共有的统一要领, 是企业在内外交流活动中,把企业整体向上推进的经营策略中重要的一环。企业实施 CI 战略, 往往能使企业组织在各方面发生积极性的变化,从而综合作用于企业的相关组织和个人, 产生全方位的功效。

　　CI 设计是 20 世纪 60 年代由美国首先提出, 70 年代在日本得以广泛推广和应用,它是现代企业走向整体化、形象化和系统管理的一种全新的概念。其定义是:将企业经营理念与精神文化,运用整体传达系统 (特别是视觉传达系统),传达给企业内部与大众,并使其对企业生产一致的认同感或价值观,从而达到形成良好的企业形象和促销产品的设计系统。

　　CI 作为企业形象一体化的设计系统,是一种建立和传达企业形象的完整和理想的方法。企业可通过 CI 设计对其办公系统、生产系统、管理系统、以及经营、包装、广告等系统形成规范化设计和规范化管理,由此来调动企业每个职员的积极性和参与企业的发展战略。通过一体化的符号形式来划分企业的责任和义务,使企业经营在各职能部门中能有效地运作,建立起企业与众不同的个性形象,使企业产品与其他同类产品区别开来,在同行中脱颖而出,迅速有效地帮助企业创造出品牌效应,占有市场。

7. 包装设计

　　包装设计是指对制成品的容器及其他包装的结构和外观进行的设计 (图 5.8),也被称作包装装潢设计,是视觉传达设计的重要组成部分,侧重点在于实现包装的心理功能,即起到美化商品、宣传商品、促进销售、树立品牌的作用。

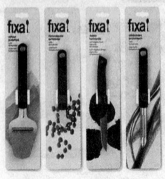

图 5.8 包装设计

主要通过运用文字、图形、色彩、标志等视觉构成元素，遵循构图规律，创造出有鲜明特色的产品包装形象，从而传递出文化品味和时代气息，继而完成对品牌的塑造。包括能够体现包装外部形态的部分结构和造型设计。

包装可以分为工业包装和商业包装两大类。包装有保护产品、促进销售、便于使用和提高价值的作用。工业包装设计以保护为重点，利用各种技术达到保护产品、减少损耗、方便储运、利于使用的目的，解决商品在流通消费中的物质保护功能和审美与信息功能优化结合问题；商业包装设计以促销为主要目的，是宣传商品、树立品牌、传播文化的有力媒介。

包装原来的目的，只是为了使商品在运输过程中不致破损，便于储存，迅速明确品名、生产者、数量和预见质量等。而现代的包装，除了这些基本目的外，逐渐成为产品设计不可或缺的一部分，成为争夺购买者的重要竞争条件。

8. 展示设计

展示设计，或称陈列设计，是指将特定的物品按特定的主题和目的加以摆设和演示的设计（图 5.9）。在既定的时间和空间范围内，运用艺术设计语言，通过对空间与平面的精心创造，使其产生独特的空间氛围，不仅含有解释展品、宣传主题的意图，并使观众能参与其中，达到完美沟通的目的。它是以信息传达为目的的空间设计形式，包括博物馆、科技馆、美术馆、世博会、广交会和各种展销、展览会等，商场的内外橱窗及展台、货架陈设也属于展示设计。

从本质上讲，展示设计是指所有展览和陈列的视觉艺术。包括各类商场、商店、饭店和宾馆等商业销售空间和服务空间的室内外环境规划、美化等设计工作，同时，还包括室内商品陈列和各类附属促销品的陈列等展览工作，最终起到提供大众销售间、展示商品及其功能，促进消费和引领消费及生活方式的作用。

展示的分别繁多，不胜枚举。展示的类别不同，其设计要求也有所不同从目的来区分，展示大致可以分为经济和人文两种。各种规模的商展、促销活动、交易会、订货会、新产品发布会等等都可视为经济类展示活动，其表现形式也许多种多样，但最终目的还是确立企业形象，促成消费行为。

人文类展示包括科学馆、纪念馆、美术馆、博物馆、森林公园、自然保护区等，其主要目的是传承人类文明、传播科学知识，促进文化交流等。从时间上区分，展示可分，展示可以分为长期和短期或者临时和永久几种，由于展示的时间的不同，对展示环境的要求也有所不同，包括展示的材料、灵活性、折装形式等都要加以考虑。

从形式上区分，展示可以分为动态和静态展示，这里的"动态"与"静态"并不是指展示手法上的动态与静态，而是指展示区域。动态展示包括巡回展示、交流展示等，而静态展示多是固定地点的展示活动。从参展人群区分，展示可以分为纵向和横向两种，纵向展示主要指相某一领域中的单位或人士。横向展示则适用范围较广，参展单位众多而且不局限在同一领域，例如世界博览会。

展示设计包括"物"、"场地"、"人"和"时间"四个要素。成功的展示设计，必须建立在综合处理好这四个要素的基础上。

展示设计不是单一的视觉传达设计，它兼有产品设计和环境设计的因素。事实上，它是一种多种设计技术综合应用的复合设计。

图 5.9 上海世博会展示设计

9. 影视设计

影视设计是指对影视图像和声音及其在一定时间维度里的发展变化进行设计，使之借助影视播放技术，将特定的信息更加生动鲜明、快速准确地传递给信息接收者（图 5.10）。影视设计属于多媒体的设计，它综合了视觉和听觉符号进行四维化的信息传递。

　　影视设计包括电影设计和电视设计。

　　影视设计包括各类影视节目、动画片、广告片、字幕等的设计。

图 5.10　影视设计

第二节　产品设计

一、什么是产品设计

　　所谓产品，是指人类生产制造的物质财富。它是由一定物质材料以一定结构形式结合而成的、具有相应功能的客观实体，是人造物，不是自然而成的物质，也不是抽象的精神世界。

所谓产品设计，即是对产品的造型、结构和功能等方面进行综合性的设计，以便生产制造出符合人们需要的实用、经济、美观的产品。

广义的产品设计，可以包括人类所有的造物活动。从第一块敲砸而成的石器，到今天的汽车、电视、VCD，都是人类产品设计行为的结晶。

二、产品设计的基本要素

产品的功能、造型和物质技术条件，是产品设计的三个基本要素。它们相互依存、相互制约、相互渗透，不可分割。

1. 功能——是产品赖以生存的根本，是产品设计的基础

功能是指产品所具有的某种特定功效和性能，是产品存在的意义，即产品是做什么用的。工业产品不同于艺术品，就在于它必须有明确的使用功能。例如：手表是为人提供准确时间的产品，假如它损坏或显示不准确，那么即使它再漂亮、再美观，相信也没有人会带着它。可见产品一旦丧失了基本的使用功能，那么也就失去了它本身存在的价值。所以说，功能既是产品设计的目的又是产品赖以生存的根本条件，功能对产品的结构和造型起着主导、决定性的作用。

2. 造型——是产品的实体形态，是功能的表现形式

功能是产品的决定性因素，功能决定着产品的造型，但功能不是决定造型的唯一因素，而且功能与造型也不是一一对应的关系。

3. 技术条件——是产品加工的手段，是产品得以实现的保障

功能的实现和造型的确立需要构成产品的材料，以及赋予材料以特定的造型乃至功能的各种技术、工艺和设备，这些被称为产品的物质技术条件。

产品的功能、造型与物质技术条件是相互依存、相互制约、而又不完全对应地统一于产品之中的辩证关系。正是因为其不完全对应性，才形成了丰富多彩的产品世界。透彻地理解并创造性地处理好这三者的关系，是产品设计师的主要工作。

三、产品设计的基本要求

产品设计是为人类的使用进行的设计，设计的产品是为人而存在，为人所服务的。产品设计必须满足以下的基本要求：

1. 功能性要求

现代产品的功能有着比以前丰富得多的内涵，包括有物理功能——产品的性能、构造、精度和可靠性等；生理功能——产品使用的方便性、安全性、宜人性等；心理功能——产品的造型、色彩、肌理和装饰诸要素予人愉悦感等；社会功能——产品象征或显示个人的价值、兴趣、爱好或社会地位等（图5.11，图5.12）。

图 5.11 红蓝椅

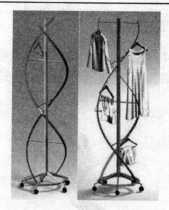

图 5.12 衣架

2. 审美性要求

产品必须通过其美观的外在形式使人得到美的享受。现实中绝大多数产品都是满足大众需要的物品,因而产品的审美不是设计师个人主观的审美,只有具备大众普遍住的审美情调才能实现其审美性。产品的审美,往往通过新颖性和简洁性来体现,而不是依靠过多的装饰才成为美的东西,它必须是满足功能基础上的美好的形体本身(图 5.13,图 5.14)。

图 5.13 苹果手机

图 5.14 PSP 游戏机

3. 经济性要求

除了满足个别需要的单件制品,现代产品几乎都是供多数人使用的批量产品。

4. 创造性要求

设计的内涵就是创造。尤其在现代高科技、快节奏的市场经济社会,产品更新换代的周期日益缩短,创新和改进产品都必须突出独创性(图 5.15)。

图 5.15 创新性的产品

5. 适应性要求

设计的产品总是供特定的使用者在特定的环境下使用的。因而产品设计不能不考虑产品与人的关系、与时间的关系、与地点的关系（图 5.16）。

图 5.16 适应手型、姿势的产品

四、产品设计的分类

产品设计是与生产方式紧密相关的设计。从生产方式的角度来看，产品设计可以划分为手工艺设计和工业设计两大类型。前者是以手工制作为主的设计，后者是以机器批量化生产为前提的设计。

1. 手工艺设计

手工艺设计是以手工对原料进行有目的的加工制作的设计。主要依靠双手和工具，也不排斥简单的机械。范围主要包括陶瓷器、漆器、玻璃制品、皮革制品、皮毛制品、纺织、线、木工制品、竹制品、纸制品等的手工设计制作。在工业革命以前，手工设计制作是人类获得产品资料的主要手段。世界上多数民族都有自己历史悠久、各具特色的手工艺传统（图 5.17）。

手工艺是"工"与"艺"的结合，内涵有"技术、技巧、技艺"之意。

北京故宫博物院藏白陶鬶　　　　司母戊大方鼎　　　　山西西安半坡遗址出土的人面网文陶盆

唐三彩骆驼胡人载乐俑

马家窑类型尖底瓶

明成化青花麒麟纹盘

定窑白悉孩儿枕 （宋）

双凤虎座漆鼓架

明代圈椅

图 5.17　手工艺品

2. 工业设计

工业设计是经过产业革命，实现工业化大生产以后的产物，以区别于手工业时期的手工设计。工业设计（Industrial Design 简称 ID）这个词，最早出现在 20 世纪初的美国，用以代替工艺美术和实用美术这些概念而开始使用。在 1930 年前后的大萧条时期，工业设计作为应对经济不景气的有效手段，开始受到企业家和社会的重视。

成立于 1957 年的国际工业设计协会联合会曾多次组织专家给工业设计下定义。在 1980 年举行的第十一次年会上公布的最新修订的工业设计定义为："就批量生产的产品而言，凭借训练、技术知识、经验及视觉感受而赋予材料、结构、构造、形态、色彩、表面加工以及装饰以新的品质和资格，叫做工业设计。"接着又指出："根据当时的具体情况，工业设计师应在上述工业产品的全部侧面或其中的几个方面进行工作，而且，当需要设计师对包装、宣传、展示、市场开发等问题的解决付出自己的技术知识和经验以及视觉评价能力时，也属于工业设计的范畴。"

由此可见，工业设计的定义，其内涵和外延都是极具伸缩性的。在不同的国家定义亦不完全相同。它可以有广义和狭义的理解。广义的工业设计几乎包括我们所指的"设计"的全部内容，所以有人干脆以"工业设计"代替整体的"设计"的概念。一般理解功能、材料、构造、形态、色彩、表面处理、装饰诸要素从社会的、经济的、审美的角度进行综合处理。

既要符合人们对产品的物质功能的要求，又要满足人们审美情趣的需要，还要考虑经济等方面的因素。它是人类科学性、艺术性、经济性、社会性有机统一的创造性活动。

通常工业设计的直接目的，是设计出市场适销、用户满意的产品，借以提高产品附加价值，降低企业经营成本，增加企业经济效益。而从根本上来说，作为人——产品——环境——社会的中介，工业设计是以人的需求为起点，以形形色色的工业产品为载体，借助工业生产的力量，全面参与并深刻影响着人们生活的方方面面。它是以创造更加完美的生活方式，改善人类的生存环境和提高人类的生活质量作为其根本宗旨的。

工业设计包含的内容非常广泛。按设计性质划分，工业设计可以分为式样设计、形式设计和概念设计。

式样设计——从事的追求外表视觉效果的工作，所以式样设计当然要求取"造形"与"功能"间的均衡。

式样设计是用来刺激消费者的购买欲，当然也可视为机械设计的额外可能性的开发。所以式样设计的重要性就与"品味"、流行有关，式样设计者与机能主义者之间激烈的争辩。

形式设计——着重对人们的行为与生活难题的研究，设计出超越现有水平，满足数年后人们新的生活方式所需的产品，强调生活方式的设计（图5.18）。

图 5.18　游戏机设计

概念设计——不考察现有生活水平、技术和材料，纯粹在设计师预见能力所能到的范畴内考虑人们的未来与未来的产品，是一种开发性的对未来从根本概念出发的设计（图5.19～5.25）。

Swatch "Infinity" Concept Watch

这是斯沃琪名下的"无限"表的概念设计。它拥有视频、mp3、相片分享等功能。它不但能够播放视频还能录像。

图 5.19　手表

Nokia 888 Phone

诺基亚 888 可以根据你的需要改变形状。

手镯一样的设计使用了液体电池，语音录入系统，舒适的触摸屏和一个让它能够识别并适应环境的触摸感应机身。

图 5.20　手机

Cloud Sofa

云之沙发意在创造一种人可以漂浮在云团之上的幻觉。基座中的磁铁提供了可以保持沙发漂浮在空中的足够磁力。云团部分由树脂玻璃注塑而成。

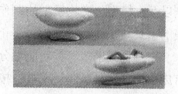

图 5.21　沙发

Modern Rocking Wheel Chair

这把摇椅是马提亚斯对传统摇椅的现代诠释，侧面近乎圆形的轮廓绝对独一无二，而且最上边安装一盏读书灯。

图 5.22　灯

Spokeless Wheels Bike

布拉德福的自行车概念设计，设计师完全取缔了主流自行车传统的传动装置，这样就诞生了一部没有辐条的自行车。

图 5.23　自行车

EyeMove PC

爱慕（eyemove）PC 机将投影仪和 PC 合并到一个圆盘设备上。可把它挂到墙上或者放在桌子上使用投影，看电影或使用其他应用程序。

图 5.24　投影仪

E-Rope Modular Power Strip

装置发出蓝色的光代表有电流通过，如果你把插座旋转 90 度就会立马断电。

按产品的种类划分，工业设计可以包括家具设计、服装设计、纺织品设计、日用品设计、家电设计、交通工具设计、文教用品设计、医疗器械设计、通讯用品设计、工业设备设计、军事用品设计等内容。

图 5.22　插座

（1）家具设计

家具是人类日常生活与工作必不可少的物质器具。好的家具不仅使人的生活与工作便利舒适、效率提高，还能给人以审美的快感与愉悦的精神享受。家具是由材料、结构、外观形式和功能四种因素组成，其中功能是先导，是推动家具发展的动力；结构是主干，是实现功能的基础。这四种因素互相联系，又互相制约。由于家具是为了满足人们一定的物质需求和使用目的而设计与制作的，因此家具还具有功能和外观形式方面的因素。

　　家具设计，是根据使用者要求与生产工艺的条件，综合功能、材料、造型与经济诸方面的因素，以图纸形式表示出来的设想和意图。设计过程包括草图、三视图、效果图的绘制以及小模型与实物模型的制作等。家具设计既是一门艺术，又是一门应用科学。一件精美的家具（杰作）定义为：不止是实用、舒适、耐用，它还必须是历史与文化的传承者。

　　家具种类繁多，按功能划分主要有坐卧家具、凭依家具和贮存家具；与此对应的主要有床、椅、台、柜四种家具；按使用环境可分为卧室、会客室、书房、餐厅、办公室及室外家具；按材料可以分为木、金属、钢木、塑料、竹藤、漆工艺、玻璃等家具；按体型可以分为单体家具和组合家具等（图 5.26、图 5.27）。

图 5.26　座椅

图 5.27　床

（2）服饰设计

服饰设计，是指服装设计及附属装饰配件的设计。

　　原始人已学会用树叶、羽毛、兽皮等当衣服披在身上，并能用兽牙、贝壳等制作朴素的装饰品，可见服饰设计历史之久远。现代人的穿着不只是为了保暖、御寒、遮体，也不只是为了舒适实用，作为人体的"包装"和文明的标志，更重要的是展示穿着者的个性、爱好及衬托其气质风度、文化水准与身份象征等。因此，服饰设计不仅需要具备设计技术素质，还需掌握人们的服饰心态、民风习俗等社会文化知识。

　　服装设计包括服装的外部轮廓、造型、内部结构（衣片、裤片、裙片）和局部结构（领、袖、袋、带）设计，还包括服装的装饰工艺和制作工艺设计（图 5.28）。设计时必须综合考察穿衣季节、场合、用途及穿衣人的体型、职业、性格、年龄、肤色、经济状况和社会环境等，以使服装不止合于穿着、舒适美观,同时符合穿衣人的气质性格特点。

图 5.28　服装设计

服饰设计除了服装设计，还有附属装饰品设计（图 5.29、图 5.30）。其中耳环、项链、别针和戒指等，佩饰于身上可与服装交相辉映，更加焕发服装的生命力。还有其他如帽子、手套、皮包和围巾等，除了发挥原有的实用价值外，更能突出发挥装饰的作用。

图 5.29　鞋、帽设计

图 5.30　包的设计

（3）纺织品设计

纺织纤维经过加工织造而成的产品称之为纺织品。纺织品泛指一切以纺织、编织、染色、花边、刺绣等手法制作的成品。

　　纺织品设计也叫纤维设计，一般包含纤维素材（纺织品）形成的设计和使用这种纤维素材的制品的设计两种。诸如西服料子、领带、围巾、手帕、帆布、窗帘、壁挂、地毯和椅垫等，选择何种材料、式样、色彩、质感等的设计，均称纺织品设计（图5.31）。

图 5.31 纺织品

（4）交通工具设计

　　交通工具设计是满足人们"衣、食、住、行"中"行"的需要的设计，主要包括各类车、船和飞机设计（图 5.32）。交通工具是现代人的生活中不可缺少的一个部分。随着时代的变化和科学技术的进步，我们周围的交通工具越来越多，给每一个人的生活都带来了极大的方便。陆地上的汽车，海洋里的轮船，天空中的飞机，大大缩短了人们交往的距离；火箭和宇宙飞船的发明，使人类探索另一个星球的理想成为了现实。人类很早就设计发明了简单的舟船和有轮子的车用以交通和运输，而飞机则是近代的产物。

　　以前人们"行"的目的，主要是从一个地点到达另一个地点，因而往往更注重交通工具的速度和安全。现代人的"行"不止是为了安全快速地到达目的地，有时甚至根本就不在意目的地是哪里，他们更在意的是"行"的过程中的自由舒适的感觉，而且，交通工具已经成为一个人财富和地位的象征。所以，现代载人交通工具的设计，在安全和速度的设计以外，尤其注重舒适性的结构设备设计和个性化、象征性的造型设计，以满足各种各样不同阶层人士的需要。

图 5.32 交通工具

第三节 环境设计

一、环境设计的含义

在所有三类设计中，环境设计是最新的设计类型概念。它不同于本世纪初现代派艺术家在湖中筑起螺旋形防波堤、在峡谷中挂起幕布之类的环境艺术。它是工业化的发展引起一系列的环境问题，人类的环境保护意识加强以后，才逐渐产生的设计概念。

　　一般地理解，环境设计是对人类的生存空间进行的设计。区别于产品设计的是：环境设计创造的是人类的生存空间，而产品设计创造的是空间中的要素。

　　广义的环境，是指围绕和影响着生物体的周边的一切外在状态。所有生物，包括人类，都无法脱离这个环境。然而，人类是环境的主角，人类拥有创造和改变环境的能力，能够在自然环境的基础上，创造出符合人类意志的人工环境。其中，建筑是人工环境的主体，人工环境的空间是建筑围合的结果。因而，协调"人——建筑——环境"的相互关系，使其和谐统一，形成完整、美好、舒适宜人的人类活动空间，是环境设计的中心课题。

　　建筑一直是人类根据自己的需要，用以适应自然，塑造人工环境的基本手段。古典时期的建筑，常常是联系人体的比例进行设计的。

　　人是环境设计的主体和服务目标，人类的环境需求决定着环境设计的方向。当代人的环境需求，表现为回归自然、尊重文化、高享受和高情感的多元性、自娱性与个性化倾向。当代环境设计，理当以当代人的环境需求为设计创作的指导方向，为人类创造出物质与精神并重的理想的生活空间。

二、环境设计的类型

　　环境有自然环境与人工环境之分，自然环境经设计改造而成为人工环境。人工环境按空间形式可分为建筑内环境与建筑外环境，按功能可分为居住环境、学习环境、医疗环境、工作环境、休闲娱乐环境和商业环境等。而环境设计类型的划分，设计界与理论界都未有统一的划分标准与方法。一般习惯上，大致按空间形式，分为城市规划、建筑设计、室内设计、室外设计和公共艺术设计等。

1. 城市规划设计

　　作为环境设计概念的城市规划，是指对城市环境的建设发展进行综合的规划部署，以创造满足城市居民共同生活、工作所需要的安全、健康、便利、舒适的城市环境（图 5.33）。

　　城市基本是由人工环境构成的。建筑的集中形成了街道、城镇乃至城市。城市的规划和个体建筑的设计在许多方面基本道理是相通的。一个城市就好像一个放大的建筑，车站、机场是它的入口，广场是它的过厅，街道是它的走廊——它实际上是在更大的范围为人们创造各种必需的环境。由于人口的集中，工商业的发达，在城市规划中，要妥善解决交通、绿化、污染等一系列有关生产和生活的问题。

　　城市规划必须依照国家的建设方针、国民经济计划、城市原有的基础和自然条件，以及居民的生产生活各方面的要求和经济的可能条件，进行研究和规划设计。

　　城市规划的内容一般包括：研究和计划城市发展的性质、人口规模和用地范围，拟定各类建设的规模、标准和用地要求，制订城市各组成部分的用地区划和布局，以及城市的形态和风貌等。

海南博鳌留客生态文化旅游度假区 鸟瞰图

图 5.33 城市规划

2. 建筑设计

建筑设计是指对建筑物的结构、空间及造型、功能等方面进行的设计，包括建筑工程设计和建筑艺术设计（图 5.34）。建筑是人工环境的基本要素，建筑设计是人类用以构造人工环境的最悠久、最基本的手段。

从原始的筑巢掘洞，到今天的摩天大楼，建筑设计无不受到社会经济技术条件、社会思想意识与民族文化，以及地区自然条件的影响。古今中外千姿百态的建筑都可以证明这一点。

当代的建筑设计，既要注重单体建筑的比例式样，更要注重群体空间的组合构成；既要注重建筑实体本身，更要注意建筑之间、建筑与环境之间"虚"的空间；既要注重建筑本身的外观美，更要注重建筑与周边环境的谐调配合。

图 5.34 建筑

3. 室内设计

室内设计，即对建筑内部空间进行的设计。具体地说，是根据对象空间的实际情形与使用性质，运用物质技术手段和艺术处理手段，创造出功能合理、美观舒适、符合使用者生理与心理要求的室内空间环境的设计（图 5.35）。

室内设计是从建筑设计脱离出来的设计。室内设计创作始终受到建筑的制约，是"笼子"里的自由。因而，在建筑设计阶段，室内设计师就与建筑设计师进行合作，将有利于室内设计师创造出更理想的室内使用空间。

室内设计不等同于室内装饰。室内设计是总体概念。室内装饰只是其中的一个方面，它仅是指对空间围护表面进行的装点修饰。室内设计包含四个主要内容：一是空间设计，即是对建筑提供的室内空间进行组织调整，形成所需的空间结构。二是装修设计，即对空间围护实体的界面，如墙面、地面、天花等进行设计处理。三是陈设设计，即对室内空间的陈设物品，如家具、设施、艺术品、灯具、绿化等进行设计处理。四是物理环境设计，即对室内气候、采暖、通风、温湿调节等方面的设计处理。

室内设计大体可分为住宅室内设计、集体性公共室内设计（学校、医院、办公楼、幼儿园等）、开放性公共室内设计（宾馆、饭店、影剧院、商场、车站等）和专门性室内设计（汽车、船舶和飞机体内设计）。类型不同，设计内容与要求也有很大的差异。

图 5.35 室内设计

4. 室外设计

室外设计泛指对所有建筑外部空间进行的环境设计，又称风景或景观设计（Landscape Design），包括了园林设计，还包括庭院、街道、公园、广场、道路、桥梁、河边、绿地等所有生活区、工商业区、娱乐区等室外空间和一些独立性室外空间的设计（图 5.36）。随着近年公众环境意识的增强，室外环境设计日益受到重视。

室外设计的空间不是无限延伸的自然空间，它有一定的界限。但室外设计是与自然环境联系最密切的设计。"场地识别感"是室外设计的创作原则之一，室外设计必须巧妙地结合利用环境中的自然要素与人工要素，创造出源于自然、融合于自然而又胜于自然的室外环境。

相比偏重于功能性的室内空间，室外环境不仅为人们提供广阔的活动天地，还能创造气象万千的自然与人文景象。室内环境和室外环境是整个环境系统中的两个分支，它们是相互依托、相辅相成的互补性空间。因而室外环境的设计，还必须与相关的室内设计和建筑设计保持呼应和谐、融为一体。

图 5.36　室外设计

5. 公共艺术设计

公共艺术设计是指在开放性的公共空间中进行的艺术创造与相应的环境设计（图5.37）。这类空间包括街道、公园、广场、车站、机场、公共大厅等室内外公共活动场所。所以，公共艺术设计在一定程度上和室内设计与室外设计的范围重合。但是,公共艺术设计的主体是公共艺术品的创作与陈设。现代公共艺术设计，正是兴起于西方国家让美术作品走出美术馆、走向大众的运动。

图 5.37

　　以上对设计进行的类型划分，并不是绝对的、最后的划分。在社会、经济和技术高速发展的今天，各种设计类型本身和与之相关的各种因素都处在不断的发展变化中。比如视觉传达设计中的展示设计，也充分利用了听觉传达、触觉传达、甚至嗅觉传达和味觉传达的设计；建筑物中非封闭性的围合，出现了长廊、屋顶花园、活动屋顶的大厅等难以区分室内还是室外的空间……。此外，许多设计概念的内涵和外延都还模糊不清，在设计界和理论界，都还没有给予最后确切的定义和界定。

第六章

设计师

顾名思义，设计师是从事设计工作的人，是通过教育与经验，拥有设计的知识与理解力，以及设计的技能与技巧，而能成功地完成设计任务，并获得相应报酬的人。现代汉语中的"设计师"这个名称，是由西文的"designer"翻译而来的。

设计作品是设计师的作品，是设计师物质生产与精神生产相结合的一种社会产品。设计师是社会发展到一定历史时期以后，因为分工的需要和专职的可能而出现的一类脑力劳动者。在日常生活中，任何人都可能设想制作一些比现在使用的物品更实用、更经济、更美观的东西，诸如舒适的住所、便利的交通工具、美丽的城市环境等。但是，一般人由于欠缺设计的专业知识与技能，不具备设计创造的必要条件，只能用语言和文字来描述他们的设想，而不能将其视觉化、具体化，至少不能像专业设计师那样成功地做到这一点。因此，我们研究设计的有关问题时，很有必要对设计创造的主体——设计师进行一番全面系统的考察。

第一节　设计师的历史演变

一、制造工具的人

前面讲过，从最广泛的意义上来说，人类所有的生物性和社会性的原创活动都可以称为设计。因而广义上的第一个设计师，可以远溯到第一个敲砸石块、制作石器的人，即第一个"制造工具的人"。劳动创造了人，创造了设计，也创造了设计师，人类通过劳动设计着他的周围和人类自身，人类是这个星球上唯一的、伟大的设计师。

从"制造工具的人"到现代意义上的设计师，是一个漫长的、渐进的过程。我们还不能非常准确地判定在何时何地首先出现了专业设计师，只能在现有资料的基础上，勾勒出一条大概的演变线索。加上工业革命以前设计与美术、工艺密不可分的"血缘"关系，美术家与工匠曾是历史上主要的设计制作者，所以，我们也不可能撇开美术家与工匠来探讨设计师的产生与发展。

距今七八千年前的原始社会末期，人类社会出现了第一次社会大分工，手工业从农业中分离出来，出现了专门从事手工艺生产的工匠（craftsman）。

随着社会的发展和手工技术的进步，手工行业自身内部的分工也越来越细。有宝石切割、象牙雕刻、彩釉陶制造、珠宝制作、银器制造以及石制容器制作工艺。但在这些手工业中，设计和制作还没有分离，直到古罗马时期，才出现了脱离实际生产操作的最早的专业设计师。

二、专业设计师

中世纪的欧洲经历了始于 13 世纪的工业技术革命，多种纺织机械被发明和使用，加快了纺织业的发展，出现了专门的纺织设计师。在 14 世纪，一个纺织设计师获得的报酬要比一个纺织工多得多。

中世纪的工匠与艺术家仍然在"同一阵线"，艺术家是工匠行会的成员，由于缺乏理论基础，他们的工作都被排斥在作为人文教育科目的"七艺"之外。

文艺复兴时期，工艺和艺术在观念上有了区分，艺术家作为学者和科学家的观念产生了，"艺术家终于获得了自由。"

从 17 世纪路易十四时期的皇家家具制造厂总监勒·布伦及其同事的挂毯设计，我们可以比较清楚地了解当时的设计过程：勒·布伦完成整体设计的初稿以后，交给专业于花边、动物、花草的图案设计师作细部设计，在到第三级工匠更机械性地将整幅设计准备好供织造。

到了 18 世纪，建筑师在设计领域比画家和雕塑家更加活跃，不少画家或工匠转行成为建筑师和设计师。

1735 年，英国的贺加斯在伦敦设立了圣马丁路设计学校，出现新的设计训练，由此加快了设计师的职业化过程。工业革命以后，随着机器的广泛采用，在大多数的生产部门实现了批量化、标准化、工厂化的生产，加之商业竞争日益加剧，生产经营者意识到设计对扩大销售的重要作用，专业设计师才在社会生产各部门普及开来。当然，其间也经历了一个很不平坦的过程，经历了轰轰烈烈的设计改革与现代化运动，设计名师辈出，开创了设计的新纪元。

设计发展到今天，设计师在更关注、发掘人们的真实需要的同时，已不再只是消费者趣味与消费潮流的消极的追随者，而是向更积极的消费趣味引导者、潮流开创者的方向转变。设计师的角色，也不再仅仅停留在商品"促销者"的层次，而是向文化型、智慧型、管理型的高层次发展。设计师已成为科技、消费、环境以及整个社会发展的主要推动力量。在未来年代，通过哪些方式途径，设计师可以在单纯的促进销售以外发挥更积极、更有创造性、管理性的社会作用？这是英国伦敦大学新设立的硕士学位"设计未来"专业正在研究探讨的问题，也是每一个迈向21世纪的设计师需要加以思考的问题。

第二节　设计师的知识技能要求

设计生产是精神生产与物质生产相结合的非常特殊的社会生产部门，它不同于科学研究，也不同于纯艺术创造，设计创造是以综合为手段，以创新为目标的高级、复杂的脑力劳动过程。作为设计创造主体的设计师，必须具备多方面的知识与技能。这些知识与技能，跟随着时代的发展而发展。在不同的设计领域，既有共同或相似的基础知识技能，也有各自侧重的方面。

从制造原始工具开始，人类发展积累了丰富的设计制造知识技能。《考工记》记载了"百工"须能"审曲面，以五材"才能"以辨五器"，书中除了记述各类工匠不同的技术知识以外，还含有丰富的物理学、化学、生物学、天文学、数学、度量衡和生产管理的知识。中世纪的手工匠都是在作坊中师徒传承下来经验性的手工技术，由于社会制度的约束，工匠还不能学习、从事其他专业工匠的职业技术，例如小刀的设计制作分为刀片匠、刀具匠和刀鞘匠，分别制作刀刃、刀柄、刀鞘而不能有所跨越，知识技能相当狭窄。包豪斯以前的设计学校，偏重于艺术技能的传授，如英国皇家艺术学院前身的设计学校，设有形态、色彩和装饰三类课程，培养出的大多数是艺术家而仅仅极少数是艺术型的设计师。包豪斯为了适应现代社会对设计师的要求，建立了"艺术与技术新联合"的现代设计教育体系，开创了类似三大构成的基础课、工艺技术课、专业设计课、理论课及与建筑有关的工程课等现代设计教育课程，培养出大批既有美术技能，又有科技应用知识技能的现代设计师。时至今日，社会的发展对设计师提出了更新的要求，科技的进步也为设计师提供了更新的设计技能与手段。

设计既不是纯艺术，也不是纯自然科学和社会科学，而是各种学科高度交叉的综合型学科。工业革命以前，艺术的知识技能是设计师才能的主要构成部分，大量艺术家从事设计工作。工业革命以后，工业化时代以来，特别是随着信息化时代的来临，自然科学与社会学知识技能在设计师的才能修养中占据日益重要的位置。我们可以把艺术与设计知识技能比喻为设计师的一只手，自然科技与社会知识技能比喻为设计师的另一只手，时代的发展要求设计师"两手抓，两手都要硬。"同时，设计创造不可能"赤手空拳"地进行，随着电脑技术在设计领域的全面渗透，电脑辅助设计 CAD 实际上已成为今天的设计师手中最有效的设计工具，贯穿于设计思维与创作的整个过程。

一、设计师的艺术与设计知识技能

艺术与设计有着与生俱来地"血缘关系"。设计师首先需要掌握艺术与设计的知识技能。

1. 造型基础技能是通向专业设计技能的必经桥梁

造型基础技能以训练设计师的形态——空间认识能力与表现能力为核心，为培养设计师的设计意识、设计思维、乃至设计表达与设计创造能力奠定基础。造型基础技能包括手工造型（含设计素描、色彩、速写、构成、制图和材料成型等）、摄影摄像造型和电脑造型。手工造型是基础，但有一部分已属"夕阳"型技能，逐渐被新兴技术所淘汰。电脑造型既是基础，又是发展的趋势，属"朝阳"型技能，客观上已成为设计师必须掌握的最重要的基础造型技术，有着无限广阔的应用与发展前景。

2. 设计的手工造型训练不同于传统的艺术造型训练

设计素描造型与色彩造型不同于传统绘画造型，再现不是它的最终目的。设计素描也不能仅满足于画结构与搞分析，素描也可以"由具象到抽象"和"无中生有"，通过观察、分析、联想、创造出新的形象来。设计的色彩造型包含写实色彩和设计色彩，写实色彩有助于塑造自然真实的形象，而设计色彩能更加适应人在不同情况下的视觉要求，提供各种活动效率，增加视觉与精神的快感。设计色彩的基本技法包括混色法、序列法、对比法、调和法、色调组织法，用色彩塑造、表现和装饰形象法，选择与组织色彩实现一定的功能的方法等。这样的素描与色彩造型训练，才能真正为设计的创造性本质奠定良好的造型基础（图 6.1，6.2）。

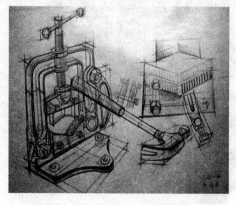  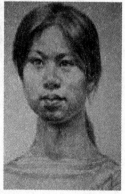

图 6.1 结构素描　　　　　　　　　图 6.2 人物素描

3. 设计速写是造型最快捷方便的设计表现语言

设计速写除了具有形体与色彩的记录功能与分析功能以外，还可以为设计创作大量的图片资料。更重要的是，草图式的速写在设计过程中不仅记录着设计的每一步进展，还是设计从初步构思到完整构思的必要"阶梯"。每一个设计几乎都是从速写式的草图开始的，设计速写是设计师自始至终必不可少的重要技能（图 6.3）。

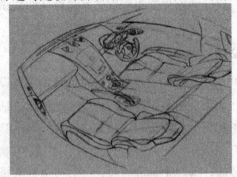 

图 6.3 产品速写（草图式）

4. 构成造型是产品表现的基本方法

构成造型包括平面构成，色彩构成和立体构成这"三大构成"以及光构成、动构成和综合构成。三大构成是设计造型的基础技能，它不仅提供设计师以设计造型手段和造型选择的机会，而且可以培养训练设计师在平面、色彩和立体方面的逻辑思维与形象思维能力。尚在研究探索阶段的光构成、动构成与综合构成，有益于拓展新的设计造型语言与手段，开拓设计的新境界（图 6.4～6.6）。

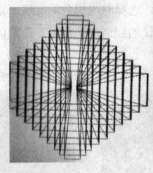 

图 6.4 平面构成

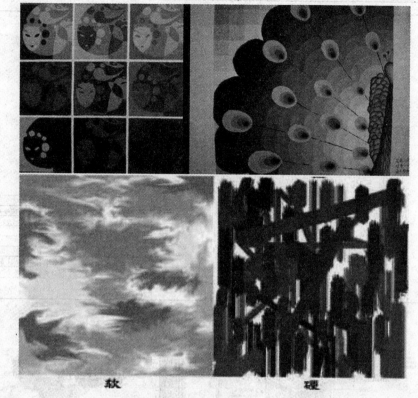

图 6.5　色彩构成

图 6.6　立体构成

5. 制图技能是加工和宣传产品的表现技法

　　制图包括机械（工程）制图与效果图的绘制，这是产品设计师与环境设计师尤其要掌握的基本技能。设计效果图形象逼真、一目了然，可以将设计对象的形态、色彩、肌理及质感的效果充分展现，使人有如见实物之感，是管理层决策参考的最有效手段之一。设计师要绘好效果图，必须先掌握透视图的原理和画法，充分利用人脑与电脑（图6.7、图6.8）。

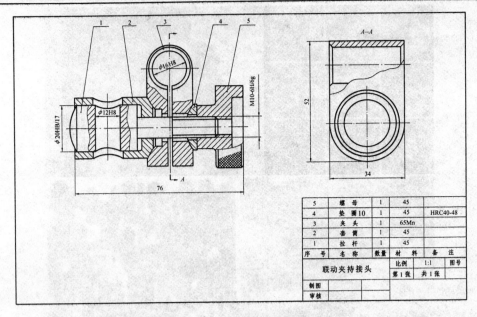

图 6.7 工程制图

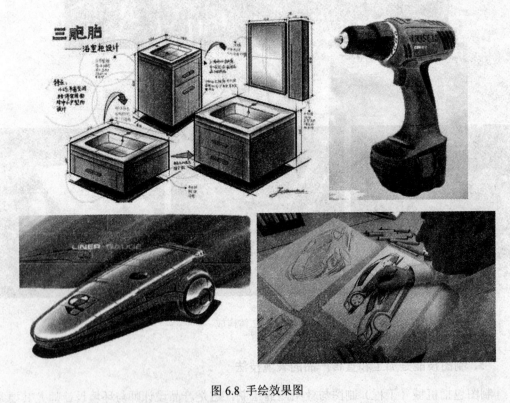

图 6.8 手绘效果图

6. 摄影摄像也是设计师所应该具备的技能

一种是资料性的摄影摄像，可为设计创作搜集大量资料。另一种是广告摄影摄像，其本身就是一种设计（图 6.9）。

图 6.9 摄影图片

7. 材料成型是产品成型前的试验品

材料成型是依靠外力使各种造型材料按照人的要求形成特定形态的过程，包括人工成型与机械成型。设计师需要手脑并用，动手技能不能忽视。如包豪斯要求学生掌握不少于一门的手工艺。尤其是产品设计师，他们的工作就是将各种材料处理成不同的产品造型，因而材料的训练必不可少。由于各种材料，如木材、金属、塑料等的加工成型方法各不相同，设计师必须通过成型操作训练，熟悉各种材料及机器的性能，熟悉生产工艺流程，了解机械成型手段，掌握一定的手工成型手段，以此提高实际动手能力、立体造型能力与技术应用能力，培养材料美、技术美、机械美、功能美等新的审美感受能力。形成在未来的设计活动中，每想到一种功能形态就能立即反应出相应成型手段的本领。材料表面处理则直接影响设计作品的外观肌理与质感效果，设计师必须掌握。

模型制作亦可算是材料成型的一种。其优点是三维立体、可直观感受。作为设计辅助、展览、欣赏、摄影、试验、观测，可弥补平面图形的不足（图 6.10）。

图 6.10 产品模型

8. 电脑辅助设计技术是新时期设计的另一种表现形式

快速成型技术，又称快速原型制作技术（Rapid Prototyping Manufacturing 即 RPM 技术），可以将电脑上的创意设计快速准确地复制成三维固态实物，就像打印机打印文件图纸一样方便。成型材料主要是纸、木和树脂材料。

尽可能多掌握"朝阳"型新材料和新技术。如计算机辅助设计，目前主要应用在以下几方面：

（1）以印刷制版行业常用的彩色桌面出版系统为工具的平面设计；

（2）以 3DMAX 系统三维软件为代表的三维立体形象设计；

（3）运用各种 CAD 软件进行的工程辅助设计。

图像软件主要有 Photoshop；图形处理软件 Freehand、Illustrator、CorelDraw；AutoCAD；绘画软件 Painter；排版软件 Pagemaker、Quark；动画 3DMAX、Animator；文字识别类的软件 OCR（Optical Character Recognition）。OCR 技术是通过扫描仪把文稿作为图像输入计算机再转变为 ASCⅡ 代码的文本文件。用这种方式可以替代繁复的文字输入工作。九十年代兴起的多媒体技术，是由计算机将文字、图形、动画、声音多种媒体综合表现在一起的最新视觉技术，已被广泛应用于广告、电子出版、电影特技、家庭教育、网页等的设计制作中。虚拟现实是多媒体技术的又一新领域，它利用计算机图像处理与视觉技术，模拟出一个类似真实世界的人工环境。这种技术已经在设计领域得到了开发应用，诸如委托方将可以在动工之前参观业已"完工"的建筑、园林或室内装修；演员可以在虚拟演播室完成如真实场景中一样的拍摄等等。对于工业设计师来说，除了要熟练掌握 CAID 计算机辅助工业设计，还有必要对 CAM 计算机辅助制造乃至整个 CIMS 环境，即计算机综合产品制造系统有所了解，互相配合，才能更好地发挥 CAID 在现代工业制造体系中的积极作用。仍在高速发展中的计算机技术还将为设计师带来更广阔的设计技术背景。完全不会利用计算机技术进行设计的设计师，就像只会舞刀不会使枪的古代战士一样。在技术发展日新月异的今天，设计师要有不进则退的紧迫感（图 6.11）。

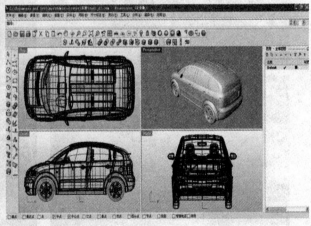

图 6.11　3DMAX 建模

设计师具备了造型基础技能，才能顺利过渡到各专业设计技能的学习掌握。专业设计技能有视觉传达设计、工业设计、环境设计三大类。三大类下面还有更细的专业技能：如视觉传达设计的书籍装帧设计、广告设计、包装设计、展示设计……工业设计的工艺品设计、纺织品设计、家具设计……环境设计的建筑设计、室内外设计、公共艺术设计……各专业设计师的造型基础训练是大体相似的，但也不是没有差别，如视觉传达设计偏重于平面造型，而产品设计和环境设计则偏重于空间造型。各专业的相关学科也有差异，对于工业设计而言，更具体的理论指导是工学指导，如人机工程学、材料学、价值工程学、生产工学等。对于视觉传达设计而言，更具体的理论指导是符号学、传播学、广告学、市场学、消费学、心理学、民俗学、教育学、印刷工学等。对于环境设计而言，更具体的理论指导是环境科学、环境心理学、艺术学、地学、气象学、建筑工学、经济学等。除此以外，各专业设计师较大的区别还在于专业设计技能上的"各有所长"，这也是他们专业划分的依据所在。例如视觉传达设计师的专业技能主要在于设计、选择最佳视觉符号以充分准确地传达所需传达的信息；产品设计师的专业技能主要是决定产品的材料、结构、形态、色彩和表面装饰等；环境设计师的专业技能主要是决定一定空间内环境各要素的位置、形状、色彩、材料、结构等。各专业设计技能的获得都必须经过对各种材料、工具的熟悉，基本技术、技巧的掌握，再到设计实例中去实践、提高、完善的过程。各专业设计技能虽有差异，但是并没有绝对的界限，而是相互渗透，相辅相成的。例如，工业设计就深受建筑设计的影响，展示设计则综合多种设计技能相得益彰，因而设计师不能局限于某一专业而对其他一无所知，这样势必会影响本专业的技能水平的提高。

设计师应掌握的艺术与设计理论知识，主要有艺术史论、设计史论和设计方法论等。属通史论的如中外艺术史、中外设计史、艺术概论、设计概论、工业设计史、设计方法学等；属专业史论的如工艺史、建筑史、服装史、广告史、建筑学、广告学、服装学等。其中建筑作为"大艺术"、"大设计"，对其他各种专业设计都有直接或间接的影响，例如哥特式、洛可可式的家具设计都是由相同风格的建筑设计直接影响而来的。格罗佩斯在《包豪斯宣言》中甚至称"建筑是一切造型艺术的最终目标"。因此，即使不是建筑专业的设计师，"结识"了建筑这门"大朋友"式的设计，也可能会对其自身专业设计获益良多。

设计师不仅要熟悉中外艺术设计史论，同时还要关注当代艺术设计的现状与发展趋势，这样才能开阔视野，加深文化艺术修养，增强专业发展的后劲。设计师通过对古今中外艺术设计的欣赏、分析、比较与借鉴，可以获得广泛有益的启迪与灵感，避免"计无所出，创意枯竭"的困境和"言必称希腊"、"坐井观天"之类的片面性、狭隘性的错误。

设计概论以精炼的语言阐述设计的概念、性质、源流、作用、要素、设计的相关技术和设计师应掌握的知识技能等，从各个角度剖析设计，是设计师的入门指南。

设计方法论主要论述设计方法在不同性质不同阶段的设计中的应用。设计方法论是挖掘创造智慧，展示设计无限可能性的主要方法。价值工程学是一种技术与经济相结合的设计分析方法，是设计方法的重要组成部分。它起源于40年代美国通用电气公司设计工程师L·D麦尔斯的设计实践总结，主要研究设计对象的功能与成本之间的关系，寻找功能与成本之间的最佳对应配比，寻求以尽量小的成本取得尽可能大的经济效益与社会效益，是控制设计经济费用的主要手段。

二、设计师的自然与社会学科知识技能

艺术与设计知识技能以外，自然与社会学科知识技能是设计师的"另一只手"。包豪斯时期已开设有材料学、物理学等科技课程与簿记、合同、承包等经济类课程。美国著名设计家与设计教育家帕培勒克（Victor Papanek，1925～）先生曾提到："在现时代的美国，一般学科教育都是向纵深发展，唯有工业与环境设计教育是横向交叉发展的。"确实，设计的发展需要越来越多不同学科的支持。设计师不可能"一把抓，一把熟"，但也不能不掌握一些与设计密切相关的科技与社会学知识技能。例如自然学科的物理学、材料学、人机工程学、人类行动学、生态学和仿生学等等，以及社会学科的经济学、市场营销学、消费心理学、传播学、管理学、经济法、思维学和创造学等等。

1. 设计师的自然知识技能

设计物理学主要提供产品或环境设计师关于设计所需的力学、电学、热学、光学等知识，并指明设计怎样才能符合科学规律与原则，以保证设计的科学性与合理性。

设计材料学可以使设计师了解各种材料的性能，熟悉各种材料的应用工艺，以便在设计中充分利用其特性之长，避免其不利的方面。

人机工程学（Man-Machine Engineering）是本世纪初兴起的综合性边缘学科，它在美国称为 Human Engineering（人类工程学），在欧洲称为 Ergonomics（人类工效学）。根据国际人类工效学学会 IEA 为本学科下的定义："人机工程学是研究人在某种工作环境中的解剖学、生理学和心理学等方面的各种因素；研究人和机器及环境的相互作用；研究在工作中、家庭生活中和休假时怎样统一考虑工作效率、人的健康、安全和舒适等问题的学科。"早在包豪斯时期就提出了"设计的目的是人而不是产品"。二战期间，人机工程学在军事设计领域发挥了积极、重要的作用。二战以后，人机工程学的研究与应用扩展到工农业、交通运输、医疗卫生以及教育系统等国民经济的各个部门。当代的设计师，尤其是产品设计师与环境设计师，唯有掌握好这门学科，才能更好地"为人的需要"进行设计。国际标准化组织（ISO）设有人类工效学标准化委员会，我国到 1990 年底已制定了人类工效学标准 20 个，主要有中国成年人人体尺寸、人体测量的方法、仪器、环境、照明等方面的标准。

人类行动学是日本长冈造型大学校长丰口协在最近一次有关设计教育的国际研讨会上提出来的新的学科。它不同于人机工程学一样将人类行动数值化，而是把立足点放在人类心理学研究为辅的学问。在设计应用上，可以弥补人机工程学忽视人类感情与心理因素的不足之处。

设计的本质是创造，设计创造始于设计师的创造性思维。因而设计师理应对思维科学，特别是对创造性思维要有一定的领悟和掌握。心理学家巴特立特（Bartlett）认为："思维本身就是一种高级、复杂的技能。"设计师通过掌握创造思维的形式、特征、表现与训练方法，进行科学的思维训练，从思维方法上养成创新的习惯，并贯彻于具体的设计实践中，以此培养设计师的设计创新意识，突破固有的思维模式，提高设计师的创新能力，增强设计中的创造性，走出一味模仿、了无创意的泥潭。

2. 设计师的社会学科知识技能

设计从最初的动机到最后价值的实现，往往都离不开经济的因素。设计的这种经济性质决定了设计师必须具备一定的经济知识，尤其是市场营销意识。设计的最终价值必须通过消费才能实现，设计师应该了解消费者的需求，掌握消费者的心理，理解消费的文化，预测消费的趋势，从而使设计适应消费，进而引导消费，实现设计的经济价值与社会价值。虽然不可能要求设计师成为经济方面的专家，但是如果没有经济头脑，就很难成为优秀的设计师。

设计不止是设计师的个人行为，也是设计师的社会行为，是为社会服务的。设计师必须注重社会伦理道德，树立高度的社会责任感。同时，设计还受到国家法律、法规的保护与约束。因此设计师必须对部分法律、法规，尤其是与设计紧密相关的专利法、合同法、商标法、广告法、规划法、环境保护法和标准化规定等有相应的了解并切实地遵守。既要维护自己的权益，也要避免侵害他人与社会的利益，使设计更好地为社会服务。

设计是设计师的实践行为，不能停留在空间的理论上，也不能一个人闭门造车。设计师除了要有艺术设计实践技能和科技应用实践技能以外，还需要有较强的社会实践技能，包括较强的组织能力、善于处理各种公共关系的能力等等。设计的调查，设计的竞争，设计合同的签订、实施与完成，设计师与设计委托方、实施方、消费者以及设计师之间的合作、协调，设计事务所的设立、管理等，都是设计师的社会实践。设计师社会实践能力的高低，直接影响他的事业的成败。

以上只是对设计师必须掌握的知识技能作了简要的阐述，一些更具体、专业的知识学科还没列入。必须指出：所有的知识技能都不是完全孤立的，而是普遍联系、相辅相成的。

第三节 设计师的类型

设计的领域很广，有多种不同的分类方法。与之相应，设计师的分类方法也有多种。

古代手工艺时期，工匠一般按工作内容与性质的不同进行分类。

现代设计初期，设计师涉及的设计领域较广，可能既从事产品设计，又从事建筑设计，又从事室内设计，专业分工并不十分明显，像贝伦斯、格罗佩斯、洛依等，都从事过多种领域的设计。

随着设计的发展，设计师的专业分工越来越细致。如果按工作内容性质划分，大致可以分为视觉传达设计师、产品设计师和环境设计师三大类，每类下面还有更细的划分；按从业方式的不同，大致可以分为驻厂设计师、自由设计师和业余设计师三类；按设计作品空间形式的不同，还可分为平面设计师、三维立体设计师和四维设计师。这三种划分的方法都是横向划分的方法，从纵向的角度，在一个系统设计中，按照工作内容与职责的不同，大体可以分为总设计师、主管设计师、设计师和助理设计师四个层次。此外，还可以根据设计师的专长分为总体策划型、分项主持型、理论指导型、技术设计型、艺术设计型、综合型、辅助型和教育型等。

一、横向分类

1. 视觉传达设计师

视觉传达设计师，或称视觉设计师，即从事视觉传达设计的设计师。他的工作任务是设计、选择、编排最佳的视觉符号以充分、准确、快速地传达所要传达的信息。最早在 1922 年，著名书籍设计师德威金斯（William Addiso Dwiggins，1880～1956 年）首先提出了"视觉传达设计师"这一名称。从远古欧非大陆洞窟里的岩画，古埃及和中国的象形文字，古罗马庞贝古城墙面上的商标、路牌广告遗迹，中世纪手抄本的彩饰，19 世纪末的招贴画，到当代利用电脑多媒体及桌面出版系统进行的各类视觉传达设计，视觉设计师的设计工具、材料与技术都已经历了多次革命性的进步，设计的领域也得到空前的扩展。根据设计领域的不同，视觉设计师还可细分为广告设计师、招贴设计师、包装设计师、书籍装帧设计师、标志设计师、影视设计师、动画片设计师、展示设计师、舞台设计师等。关于视觉设计师的设计领域与知识技能要求，请参看表 6.1。

2. 产品设计师

产品设计师，即从事产品设计的设计师。他的工作职责和目标是设计实用、美观、经济的产品以满足人们的需要。其历史可远溯到第一个"制造工具的人"。手工时代的工匠通常集设计、制作和销售于一身，为人们设计并提供日常生活所需。现代工业设计扩展到"从口红到机车"的广阔领域，使人类的物质文化达到前所未有丰富多彩的程度。根据生产手段的不同，产品设计师可分为工业设计师和手工艺设计师，前者是以批量生产为前提，后者是以单件制作为前提。根据设计领域的不同，产品设计师也可细分为工业设计师、家具设计师、服装设计师、纺织品设计师、工艺设计师、珠宝设计师等。有关产品设计师的设计领域与知识技能要求，请参看表 6.1。

3. 环境设计师

环境设计师，即从事环境设计的设计师。创造完整、美好、舒适宜人的活动空间是他的工作职责。从筑巢而居到摩天大楼，从"有巢氏"到当代环境设计师，人类对生存空间环境的设计探索从来就没有停止过。不同的社会历史文化、审美理想与生活方式决定着环境设计师的设计思想："为了来世"的信仰造就了古埃及壮观的金字塔，"爱美的"希腊人将柱子设计成充满阳刚之美与优雅之美的人体造型，"宏伟即罗马"的城市与建筑遗迹至今让人震撼，而指向"上帝之国"的中世纪哥特教堂则令人肃穆，"住宅是居住的机器"思想使现代都市到处充斥着冷冰冰的"方盒子"建筑。中国古典园林是中国环境设计师环境意识的理想表现，像中国画一样，利用散点透视手法，将有限的空间经营得曲折迂回，令人有"一步一景"和"柳暗花明又一村"之感。根据设计领域的不同，环境设计师还可细分成建筑设计师、室内设计师、室外设计师、园林设计师、城市规划设计师和公共艺术设计师等。关于环境设计师的设计领域与知识技能要求，请参看表6.1。

目前我国的设计师，大部分从事室内设计、广告设计、展示设计和 CI 设计，真正从事产品设计的比例更低。以广东地区为例，据不完全统计，从事广告、CI 策划为主的专业广告公司和平面设计公司已有七千余家，大大小小的环境艺术设计装修设计工程公司则逾万家，而职业化的工业设计机构只有屈指可数的十几家。工业设计师所占比例过低，大量学工业设计的毕业生改行从事其他设计，这说明在我国对工业设计的重视还仅仅停留在理论的层面上。相信在我国加入世界贸易组织以后，中国的工业设计师会迎来一个新的转折点。

4. 驻厂设计师

驻厂设计师，或称企业设计师，是指在工厂企业内专门从事产品设计、视觉设计及环境设计等工作的专业设计师。现代大中型企业一般都成立设计部门，集中内部设计师进行设计工作。没有设计部门的小企业也可能有少数设计师分属生产、管理或销售部门进行设计工作。驻厂设计师一般具有明确的专业范围，容易成为本专业内的专家。聘用驻厂设计师有利于企业新产品开发的保密，有利于企业提供产品设计专业水平与产品开发的深度，提供企业的市场竞争力。

5. 职业设计师

职业设计师，又称独立设计师或自由设计师，是指以群体或个体的形式创立职业性的设计公司、事务所或工作室，以及受雇于此类机构的专业设计师，属于自由职业者。职业设计师体制兴起于本世纪 20 年代的美国，二战后盛行欧美各国。西内尔、蒂格、洛依、德雷夫斯等是第一批开设私人设计事务所的著名设计师。近年来港台地区涌现的 SOHO（Small Office，Home Office）族，和大陆部分城市出现的个人设计工作室，如广州的王序、深圳的陈绍华、韩家英、北京的敬人，均属这一类，呈发展趋势。

一些大中型企业集团设有相对独立的设计公司或事务所。首先完成本集团设计任务，在承接市场业务。

业余设计师是指在正式职业以外，以设计作为自己兴趣爱好或获取经济效益手段而进行设计工作的设计师。多为高校教师和画家。

表 6.1 视觉、产品、环境设计领域与知识技能要求

设计师与专业范畴		设计师的艺术和设计知识技能	设计师的自然与社会学科基础知识技能
视觉传达设计师	广告设计、包装设计、书籍装帧设计、插图设计、编辑设计、POP 设计、影视设计、动画片设计、展示设计、舞台设计、CI 设计、字体、标志设计、图案设计	造型基础： 手工造型、摄影摄像造型（含具象、抽象、装饰、符合造型和二维、三维、四维造型） 基础理论： 通史通论（设计学概论、艺术概论、中外设计史论、中外艺术史论、设计方法学等） 专业史论（广告学、广告史等） 专业设计： 设计策划、创意、制作（基础设计、单项设计、系统设计、电脑辅助设计）	视觉美学、视知觉心理学、创造学、思维科学、电脑知识、市场营销、消费心理学、印刷工学、民俗学、符号学、传播学、外语、设计伦理和广告法、合同法、商标法、专利法等有关法规
产品设计师	手工艺设计、工业设计、服饰设计、纺织品设计、家具设计、机械设计、工程技术设计	造型基础： 手工造型、摄影摄像造型（含具象、抽象、装饰、符合造型和二维、三维、四维造型） 基础理论： 通史通论（设计学概论、艺术概论、中外设计史论、中外艺术史论、工业设计史论、设计方法学等） 专业史论（工艺史、工艺学、服饰史、服饰美学等） 专业设计： 设计策划、创意、制作（基础设计、单项设计、系统设计、电脑辅助设计）	设计物理基础、生产工学、材料学、人机工程学、人类行动学、仿生学、科技史、创造学、思维科学、电脑知识、技术美学、价值工程学、市场学基础、民俗学、外语、设计伦理和专利法、合同法、环境保护法、标准化规定等有关法规
环境设计师	城市规划设计、建筑设计、室内设计、室外设计、（园林设计、景观设计）、公共艺术设计	造型基础： 手工造型、摄影摄像造型（含具象、抽象、装饰、符合造型和二维、三维、四维造型） 基础理论： 通史通论（设计学概论、艺术概论、中外设计史、中外艺术史、中外建筑史论、工业设计史论、设计方法学等） 专业史论（建筑史、建筑学等） 专业设计： 设计策划、创意、制作（基础设计、单项设计、系统设计、电脑辅助设计）	设计物理基础、材料学、人机工程学、人类行动学、建筑工程技术、工程管理、概算预算、水电基础、环境科学、环境心理学、科技史、电脑知识、建筑美学、园林美学、技术美学、设计伦理、外语、创造学、思维科学和规划法、环境保护法、合同法、建筑法规等有关法规

二、纵向分类

从纵向看，无论是视觉设计、产品设计还是环境设计，都有可能是一项庞杂的系统设计工程。这种复杂的设计工作不可能是一个设计师所能独立完成的，而是需要一个群体联手合作，共同完成。在这样的一个群体里，每个设计师的工作内容，所负的职责和素质各不相同，大致可以分为四个层次。

1. 总设计师

通常同时负责一个或一个以上的设计项目，主持或组织制定每一设计项目的总方案，确定设计的总目标、总计划、总基调，界定设计的总体要求和限制。对委托方负责，对外协调各种关系。

要求：

（1）具有高的综合素质和很强的组织管理能力、协调能力；

（2）具有透视复杂问题和整体洞察局部的眼光、善于发现问题、抓住问题要害并加以妥善解决；

（3）具有广博的知识面，熟悉掌握企业经营管理、设计学、系统论、创造学、心理学及国家有关政策法规，对企业的发展战略和策略有建设性的见解。

2. 主管设计师

又称主任设计师，是指负责某一具体设计项目的设计师。对总设计师负责。

要求：具有较高的综合素质，较强的策划组织能力与丰富的设计经验，善于解决设计过程中的难点问题，对各种方案有分析、判断与改进的能力。

3. 设计师

负责设计项目中某部分的设计工作。对主管设计师负责，协助主管设计师制定该设计项目的整体方案、策略、负责组织实施其中某一部分的设计制作。

要求：具有较强的设计创意与表达能力，能独立提出设计方案，具有一定的问题解决能力。

4. 助理设计师

主要是协助设计师完成其负责部分的设计制作。

要求：具有一定的设计表达能力与较强的制作能力，能理解实施设计师的意图、创意，能操作电脑，将创意做成正稿，能绘工程图，会收集设计资料等。

以上从纵横两方向对设计师进行了简要的分类、分层阐述。分类是相对的，犹如设计的分类，存在交叉和重叠。任何一类设计师都可能既从事这类设计工作，又从事另一类设计工作。例如雷蒙德·洛依的设计，从"可口可乐"到"阿波罗"飞船的广阔领域，总设计师总是从助理设计师做起，严格区分没有实质的意义。

第四节　设计师的社会职责

设计创造是自觉的、有目的的社会行为，不是设计师的"自我表现"。它是应社会的需要而产生，受社会限制，并为社会服务的。作为设计创作主体的设计师，应该明确自己的社会职责，自觉地运用设计为社会服务，为人类造福。

一、什么是设计师的社会职责

什么是设计师的社会职责？设计适销对路的产品就是设计师的社会职责。这只是其一。设计师受企业委托进行设计，就是要给企业带来效益，产品销不出去，造成人力物力的浪费。这个观点本身没错，但倘若产品到了消费者手里，却不能给消费者带来应有的好处，甚至损害了消费者，乃至其他社会大众的利益，设计师仍负有不可推卸的责任。设计适销对路的产品，只可以说是设计师工作职责的一部分，而设计师社会职责的内涵，比设计师工作职责的内涵要深广得多。作为设计创造的主体，设计师的设计必须是用来改善人们的生存条件和环境，为人们创造更好的生存条件和结合服务。"为人类的利益设计"，是社会对设计师的要求，也是设计师崇高的社会职责，只有在实现这个目标的同时，设计师的设计才有意义，设计师才能实现自己的价值。

二、为人类的利益设计

"为人类的利益设计"，这里"人类"指全体的人们。设计不能只是满足一部分人的需要。今日世界上仍然有许多地区的人们，他们既没有设计师设计的工具，也没有设计师设计的床、没有设计过的房子、没有设计过的学校和医院等。因此，设计师有责任将设计的领域渗透到社会的方方面面，而不仅仅是利润丰厚的部门，惠及到每一个有需要的地区和人群，而不是消费的经济实力的地区和人群。

设计应遍及人类生活的各个角落。例如教育，每个人的成长都需要教育。教育事业的进步，需要设计师施以设计的辅助。从教学设备、设施、教具到教学课本的设计，从育婴室到博士后的研究课题都有设计辅助的需要。教育是人类进步的阶梯，设计师有责任、有能力使这个阶梯更结实、更有效率，"搭载"更多有需要的人。例如健康，人类需要健康的身体和安全的环境。在医疗和安全系统，同样迫切地需要设计师负责任的设计。像职业病的预防，医疗设备的改进，交通工具的安全、适当设计等。健康的身体是人类、包括设计师自己赖以生存发展的原始资本，设计师又怎能任其被无情地侵蚀却视而不见呢？（图6.12）

图 6.12　"健康设计"采用无毒环保材料设计的家居产品

人类需要教育、健康、衣食住行。作为地球上唯一智慧的生物种，人类还需要知识的充实、发展的挑战和希望的实现。在这方面默默耕耘的科研工作者，却常常因为实验器材简陋、混用的状况而遭受挫折，一些先进的实验因为缺乏相应的设备而无法实施。从雷达望远镜到简单的化学烧杯，设计都已远远滞后。除此之外，设想一下：老年人需要什么？孕妇和胖子呢？残疾人？交通设计？汽车已成为自人类发明枪支以来又一最有效的杀手，还有信息技术的设计……

"为人类的利益设计"这里的"利益"是指全面的、长远的利益，而不是片面的、暂时的、仅有益于这方面而有损于另一方面，仅有益于今天而有害于将来的利益。例如一次性消费的日用品，从设计角度来看，它是成功的，它给人的生活带来方便，又给商家带来利润，但从人类长远的利益考虑，从人类未来的生存环境的角度来看，一次性消费品是有害的（图 6.13）。

图 6.13　"美的设计"透明外观的 PSP2 游戏机

人类与自然的关系，经历了第一阶段的惧怕自然，第二阶段的征服自然，到如今的第三阶段，强调的是与自然的和谐相处。自工业革命以来，人类的生存条件与环境在许多方面都有很大程度的改善，但人与自然的关系却受到损害。人类除了要面临能源危机、生态失衡、环境污染等一系列问题外，还面临人类自身的生态问题，人类面临可否长久生存在地球上的严峻问题，"可持续发展"已提到议事日程。国际工业设计协会联合会、世界设计博览会、国际设计竞赛等以"设计和公共事业"、"为了生命而设计"、"信息时代的设计"、"灾害援助"等作为会议或竞赛的主题，就是这一生命的体现。

设计理论界已有人提出"适度设计"、"健康设计"、"美的设计"原则，意图给设计行为重新定位，防止设计对生态与环境的破坏，防止社会过于物质化，防止传统文化的葬送和人性人情的失落，防止人类的异化，使人类能够健康地、艺术地生活。

第七章

产品设计程序

分析产品上市后的销售业绩显示，成功率并没有我们想象的那么高。国际上许多类似菲利普、SONY、可口可乐这样的大公司都曾经出现过在产品上市前付出了巨额研发费用，结果上市后却惨遭失败的经历。因此现代企业对于产品开发和设计都保持非常审慎的态度。社会文化现象日趋复杂，消费者的理性态度从根本上要求产品开发过程必须不断系统化、科学化，在信息共享的平台上多学科交叉，构建有效的团队合作才能适应现代市场的竞争要求。根据不同产品种类、竞争环境、技术支持及更新速度等因素的差异，产品设计在具体程序上也有所不同，没有最佳的或者唯一程序。事实上每家公司都拥有并在不断完善自己的设计程序，本章的内容是介绍设计程序建构的基本方法，设计者应当根据具体环境具体运用。

第一节　产品设计程序的发展

20 世纪 60 年代以后，伴随"大批量生产"观念的成熟，市场竞争导致企业对管理的重视。为了提高生产效率和市场占有率，客观上要求对产品开发工作进一步细分，设计、制造、销售和市场等多方面的人员相互合作。

20 世纪 80 年代后期，设计产品日趋复杂，使得不同学科成员之间的密切合作更加重要，而分立的部门之间难以有效横向沟通的弊端暴露。按部就班的串行设计与开发过程使各部门之间信息传输少而控制却很多，效率下降。

到了 90 年代，并行工程的概念和重要性为企业所认识。并行工程强调过程的集成，集成的过程意味着打破部门之间的界限，充分考虑任务之间的相互关系，使开发活动并行、交互的进行。此时，组织跨部门多学科的集成产品开发设计团队，是实现产品开发过程必不可少的保证。

2000 年以后，协同设计理论出现。协同设计的思想是要求在数据共享的平台基础上，企业与企业之间、企业与相关项目的科研机构之间强强联合协同展开。设计的各阶段可以同时进行。每个阶段声称需要的数据，虽然在没有完成设计之前数据是不完整的，但是，通过数据模型和数据管理达到数据共享协同合作的目的。从企业产品开发到成为商品的过程中可以看到，产品设计的成功与否对企业的管理能力提出了更高的要求，综合型产品开发设计团队也是为了顺应这种要求而出现了。

第二节 产品设计项目种类

一、原创型设计

原创设计也称为创新设计，指对给定的任务提出全新的、具有创造性的解决方案。这种解决方案可以被视为一种发明创造。成功的原创设计常常会走在时代的前列，是类似于革命性的突破。但是，原创设计的研发成本相对要高，所承担的风险很大。

二、改良型设计

改良设计是在原有产品基础上对已知系统的扩充于改良。目的是针对目标市场的变化或新的发现作出的适应性调整。改良型设计的开发成本较低，可掌控性也较大，市场的反映相对迅速，因此是最常见的设计形式。

三、改进型设计

改进型设计是在原有系统基础上对局部参数的调整。往往运用于系列产品及相关产品的设计，是在统一概念的支撑下对不同使用环境的适应。

第三节 产品设计的基本程序

现代产品设计是有计划、有步骤、有目标、有方向的创造活动。每个设计过程都是解决问题的过程。设计的起点是设计原始数据的收集，其过程是各项参数的分析处理，而归宿是科学地、综合地确定所有的参数，得出设计内容。产品设计是一种程序，包括信息搜集和理解的工作、创造性的工作、交流方面的工作、测试和评价方面的工作和说明的工作等。

　　设计程序是根据设计规律制定的，是以阶段性目的实现为服务对象。随着科学技术与市场经济的发展，产品设计面临的问题越来越复杂，因此，设计程序是否条理清晰而完整，直接影响到产品的市场竞争能力。一般而言，产品设计包括设计准备阶段、设计初步阶段、设计深入与完善阶段和设计完成四个阶段。

　　第一阶段是发现需求、搜集信息并决定是否进行新产品设计的研究工作。

　　第二阶段是决定新产品预想效果及可行性的工作。

　　第三阶段包括保证新产品达到最佳品质的一切努力。当第三阶段结束之后，产品已经处于可以直接投产的状态了。

　　第四阶段是要集合力量进行综合评估，甚至采取小范围的市场试探以期更加准确的把握市场反映。

一、设计前的准备阶段

　　任何一个产品设计的起因，总是源于人们的需求，需求动机是最基本的内动力。但是需求是复杂而多面的，关键是哪些需求是能够被实现并被足够多的人接受，而企业将其投放市场的时候可以获取利润。这是一个时机的问题，也是一个适应性的问题。因此. 设计准备阶段所需要完成的任务包括：围绕企业的发展战略与开发实力，分析市场环境，发现并选择需求。

　　在这个阶段设计组当更多的从宏观的角度思考，搜集的信息围绕产品的外围，主要包含：

　　（1）关于企业

　　① 企业的发展战略和市场定位和整体规划；

　　② 企业的竞争地位及需要什么样的产品来巩固或发展自己。

　　（2）关于市场

　　① 同类产品市场销售情况、流行情况以及市场对新产品的要求；

　　② 现有产品存在的内在与外在质量问题；

　　③ 竞争对手的产品策略和设计方向规格品种、质量目标、价格策略、技术升级、售后服务等；

　　④ 国内外的相关期刊资料上，对同类产品的报道，包括产品的最新发展动向，相关厂家的生产销售情况、以及使用者对产品的期望等。

　　（3）关于消费者：

　　利用观于象外得其圜中的方法论指导，对消费者的使用行为、使用环境、消费能力、消费习惯、社会层级等信息作广泛的搜集和分析，并对地域差异、文化差异与潮流与形势的发展等作充分的考虑。

　　总体来说：设计准备阶段是以比较宏观的视角解决产品"立意"的问题。是通过对产品"外因"分析而锁定目标的过程。设计师在这个阶段要结合所搜集信息的内容和多个专业角度交叉论证的结果，对于目标产品建立一个整体的概念性认识，这一概念至少包括它适应于什么样的市场环境、它是为了满足谁的什么样的需求、它可能需要应用什么样的技术以及它应该被限定在什么样的成本之内。这些概念的建立描述了一个基本的轮廓，将作为以后具体设计构思的重要参照。

二、设计的初步阶段

在明确了设计概念的基础上，设计初步阶段的工作目标是提出构思方案，落实具体的创意点。首先的任务是搜集更加有针对性的资料，主要包括以下内容：

关于目标使用者的资料；关于使用环境的资料（物理环境与社会人文环境）；有关设计使用功能的资料；有关设计物机械装置的资料；有关设计物材料的资料；相关的技术及专利的资料；市场竞争的资料；其它有关资料。

通过对上述资料的分析和理解，为目标产品建立功能模型，进行结构分析，适度考虑可选技术与材料的支持。同时，通过对所搜集图像资料的临摹和不断记录自己的创意草图，设计师也正逐渐加深对目标产品的感性认识。

类似功能设计，可选择结构分析等限制性信息为产品设计的进展提供了有效的环境，限制本质是创造的基石，但是此时的设计组在思想上却需要保持足够的活跃和发散。可以利用团队合作的思维激励方法，也要珍惜个体设计师的每个灵光闪现，在这个阶段的设计是要寻求点的突破。因此，在特殊情况下可以忽视相互关联的线的束缚，迁就偶然的突发奇想。

正是在上述理性与感性积累深化的过程中，设计组在不断自我激发、限定、突破的基础上提出多个可行的创意方案，并以草图或者其他可视化的方法表现出来。此时，将面临进一步的评估环节，以确定具体哪一个或者哪一组设计创意会被继续深化下去。

三、设计的深入完善阶段

经过优选的设计创意已经可以看见基本的雏形，设计深入阶段的工作目的是围绕着两个字展开——推敲。在不断推敲完善下使目标对象达到满意的状态。

在设计方案的完善阶段要对产品创意的各个点进一步深化研究，设计组协同合作，明确产品功能体系，结构组合，技术材料支撑，推敲界面处理，外部形态、色彩以及组装使用中的任何细节。

同时，在这个阶段更加需要以系统联系的眼光，协调内部矛盾使产品逐渐表现出统一的整体特性，主要依据以下的参照标准：

产品的创意性：是否清晰的表达出新的创意点，表现出产品差异

产品的适应性：是否对预期的参照外因（具体的消费人群、企业和社会环境）具有适应性。

产品的经济性：是否能够被控制在理想的成本之内。

产品的艺术性：是否具有美的外形。

产品的科学性：是否具有合理的技术工艺支撑，具有合情合理的使用特性，是否达到外因限定所要求的适用、耐用与易用性能。

其他的参考因素：是否满足其他的社会意义。

在设计完善阶段，设计方案可通过立体的模型表达出来，前期的设计往往是以平面草图与效果图的形式进行形态的推敲，而立体模型则能够将产品从总体到细节，全方位地展现，这时，许多在平面上发现不了的问题，都通过立体的模型显现出来。因此说，模型制作不仅是对设计图纸的检验，也为最后的定型设计提供依据.同时仿真的模型还可以作为先期市场推广的实物形象加以运用。

四、设计的完成阶段

设计完成阶段的任务是投放市场前，集中力量进行最终的审核评估，甚至采取小范围的市场试探，以期综合把握未来市场的反映。并根据市场反馈信息作最后的精确修正。

设计完成之后，要将设计转变为具体的工程尺寸图纸，为进一步的结构设计提供依据。工程尺寸图纸主要是指，按正投影法绘制的产品主视图、俯视图、左视图（右视图）等三视图。在这个阶段，设计人员要将前面各阶段进行的定性分析转变为定量分析，将造型效果转变为具体的工程尺寸图纸。在样机的试制过程中，根据材料、工艺等具体条件进一步修改、调整设计，使之适应实际需要，直到完成样机制造。

与此同时，还应制作全面的设计报告书，供决策者评价。报告书的主要内容包括，设计任务简介、设计进度规划表、产品的综合调查以及产品的市场分析、功能分析、使用分析、材料与结构分析、设计定位与定价、设计构思和方案的展开、方案的确定、综合评价等内容。

第四节　现代产品设计程序的特点

设计的本质是一种创造行为。设计的目的不是为了造型，也同样不是为了创新。设计者不可以为了创新而创新，那样同样会误入歧途。设计行为的核心逻辑是以人为本，设计是通过造物的方式为人谋福利的。设计师应当建立良好的社会责任感。但是，在商品经济的时代，产品中一切意义的实现都要借助市场的"通路"。换句话说，只有当设计产品被消费者选择了之后，设计师的理想才能被实现。遵循经济法则是设计师必须考虑和重视的问题。

在当今激烈的市场竞争环境下，现代产品设计程序变得愈发理性而具有了以下特征：建立在广泛流通的信息平台之上，信息的搜集贯穿始终，一切的设计推理建立在理性的信息分析组合的基础上。

利用团队协同合作，使得设计思路互相激发，同时增加了决策的科学性。

三思而后行，设计立项、初始准备等前期工作日益严密，在坚实的可行性推断下从事设计，如同建筑打好了基础，很大程度上避免了后期的资源浪费。

在以市场与客户为中心的观念基础上，市场调研贯穿始终，方案逐层评审，设计行为建立在严密的科学性基础上。

第五节　产品设计程序的实施要点

产品设计程序的实施要点是指问题探求的概念化、概念创建的系统化、系统创新的视觉化和视觉设计的商品化四个方面，这正好反映了产品设计的整个流程，从提出问题，到分析问题、解决问题，直至推向市场，是产品设计过程中的一条主线，是设计方法和流程的概念化的总结。因此，把握住了实施要点，也就把握住了产品设计的脉络。

一、问题探求概念化

1. 为生活而设计（design for life）

从生活中发现问题，把问题当作自然的一个部分，进行用户和系统之间非常有建设性的对话，让用户从问题中恢复改正过来。比如知道所做的将不会产生任何不希望的结果；使恢复操作变得简单，使不可逆的行为杜绝。

如图 7.1 所示，这是一套种类齐全的餐具，全面而充分的考虑到了生活中用餐过程的各种需求，使操作变得更加适宜和方便。

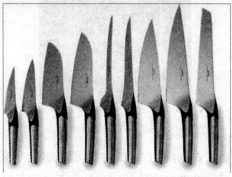

图 7.1　刀具

2. 内心感觉层次

本能水平反应很快，它可迅速地对好或坏、安全或危险做出判断，并向肌肉（运动系统）发出适当的信号，警告脑的其他部分。这是情感加工的起点，由生物因素决定，可通过控制上一级信号来加强或抑制它们。苹果公司推出 imac 计算机后公司销量迅速上涨，它们注重外形。外形和形态在这里最重要。

如图 7.2 所示，这是一款概念鼠标的设计，它有效地把鼠标的造型与敞篷汽车联系起来，使它既有趣，又可爱。

图 7.2 鼠标

3. 品牌

某些消费者只使用一种牌子的洗发水，对于其他品牌的，即使价格更低，也不愿尝试；或者只喜欢麦氏咖啡，虽然雀巢公司有相同的产品，却不会购买。诸如此类，这种在多品牌市场上，都有消费者只偏好购买某特定品牌产品的现象。

如图 7.3 所示，这是苹果公司的 ipod 音乐播放器，苹果公司一贯以精良的工业设计著称，形成了其独有的品牌特征。

图 7.3 苹果播放器

品牌的价值，它是消费者对品牌的态度和对品牌的情感元素、功能元素等方面评价的综合体。品牌的价值体现了厂商的某些价值观；是由于品牌营销和传播而产生的对品牌的态度、情感和联想等，是一种生活态度、价值观。品牌的价值包括了消费者对品牌的认知和对品牌形象的感知和联想。

如图 7.4 所示，这是苹果公司的 IT 产品，这种独有的水晶风格曾是其的象征，苹果公司一贯以精良的工业著称，形成了其独有的品牌特征。

图 7.4　苹果 IT 产品

4. 内容

这里的内容包含了很多，是初期对产品形态、功能、创新方面的综合考虑，还有与之相关的价格，质量，服务等。这些内容都会影响到用户对产品的第一感觉，这种感觉往往一瞬间就能够涌现出来，初期就要组织好他们直接的相互协调关系。

如图 7.5 所示，这是一款 NOKIA 游戏手机设计，通过它的造型，人们往往第一眼就能看到其功能、质量、使用方式等许多内容。

图 7.5　手机

5. 行为体验层次

行为水平是大多数人类行为之所在，它的活动可由反思水平来增强或抑制，反过来，它还可以增强或抑制本能水平。行为水平的设计讲究的就是效用。外形事实上不是很重要，功能是首要的。

如图 7.6 所示，这是一款书架的设计，它巧妙利用了小人的动作和书架隔板联系起来，增加了产品的趣味。

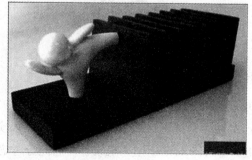

图 7.6　书架

二、概念创建系统化

从功能入手系统地研究、分析产品，是产品功能创新的主要方法。通过功能系统分析，加深对分析对象的理解，明确对象功能的性质和相互关系，从而调整功能结构，使功能结构平衡，功能水平合理，达到功能系统的创新。

如图 7.7 所示，这是一款水龙头的设计，由于其采用了独特的开关方式，使其在使用时更加方便科学。

图 7.7 水龙头

1. 产品功能是概念创建系统化的核心

每一种产品都有其特定的功能，满足某种消费的需要。产品的创新首先必须进行功能的创新，一方面要使潜在的功能充分发挥出来，另一方面可通过采用新的技术和手段增加或扩大产品的功能，使产品的功能得到不断的创新和完善。

如图 7.8 所示，这是一款鞋柜的设计，由于其采用特殊的放置方式，从而使鞋子的存放更加方便、合理，而且也有效节省了空间。

图 7.8 鞋柜

2. 功能组合是概念创建系统化的方法之一

把不同产品的不同功能组合到一种新产品中，或者是以一种产品为主，把其它产品的不同功能移植到这种新产品中去。通过系统设计的定量优化可以实现功能的组合优化。

如图 7.9 所示，这是一款 NOKIA 新型手机设计，它充分考虑了用户在使用过程中的功能需求，把照相、音乐等多种功能融合一身，从而实现了功能的组合。

图 7.9 手机

三、系统创新视觉化

产品最后的成立还是要由一个具体的形态来体现:

（1）把握产品本质功能，合理规划产品的内外结构，在此基础上寻求有说服力的产品形态表现方式。

（2）产品形态必须满足基本的美学法则：变化统一，既有变化，又整体协调。

如图 7.10 所示，这是一套陶瓷用具的设计，通过造型、色彩既变化又统一的手法，获得了较好的视觉美感。

图 7.10 陶瓷用具

1. 产品形态

形态是传达信息的第一要素。所谓形态，是指由内在的质、组织、结构、内涵等本质因素延伸到外在表象因素，通过视觉而产生的一种生理、心理过程。它与感觉、构成、结构、材质、色彩、空间、功能等要素紧密联系。

如图 7.11 所示，这是一款电脑机箱的设计，它通过夸张的造型、新奇的图案、亮丽的色彩，使人第一眼便产生了强烈的视觉冲击力。

由于产品的形态创造不仅是材料之间的物质简单构成，同时也是对产品语言和性格的塑造，因此将其作为一个生命体加以表现，是实现产品形态创新的捷径。产品形态的确定，决不是被动地去适应结构等因素，在不少设计创新实例中，形态的开拓性往往能扩展设计思路，甚至使产品性能步入一个新的领域。

如图 7.12 所示，这是一套 U 盘的设计，通过其身体与盖子的呼应设计，增加了其生命力的表现。

图 7.11 电脑机箱

图 7.12 U 盘

2. 产品的形态类别

工业产品的形态是具有一定的目的性的人为形态，它不仅仅是由几何形构成的，还会因自然界的有关形态得到启迪而被创造出来。因此，概括起来工业产品的形态类别主要为以下几种典型的形式。

如图 7.13 所示，这是一系列同种材料不同造型的家具设计，通过不同造型的对比，往往可以启发设计师的灵感。

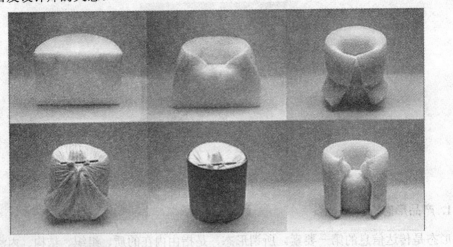

图 7.13 家具

3. 色彩

色彩亦是产品设计中一项十分重要的因素，它需要综合考虑目标人群、产品定位、地域文化等前期要素和使用环境、产品功能、材料等限定性因素。另外，不同的色彩也可以反映出不同的心理和情绪要素。产品的色彩设计一般较为单纯，色彩的使用数量不易过多，经常以灰色系为主。

如图 7.14 所示，这是一款平板电视的设计，它以灰色调为主，体现出了产品的凝重和科技感。

图 7.14 平板电视

四、视觉设计商品化

1. 公平性

所有用户使用该产品的使用方式应该是相同的：尽可能完全相同，其次求对等。

（1）避免隔离或甚至指责任何使用者；

（2）提供所有使用者同样的私隐权，保障和安全；

（3）使所有使用者对产品的设计感兴趣、有使用愉快的感觉；

（4）设计要迎合广泛的个人喜好和能力；

（5）提供多种使用方法以供选择；

（6）支持惯用右手或左手的处理或使用；

（7）保证使用的精确性和明确性；

（8）能够适应使用者的进步并予之并驾齐驱；

（9）提供对不同的技术和装置，从而满足感官上有缺陷的人士的需求。

如图 7.15 所示，这是一款电水壶的设计，它以灰色调为主，体现出了产品的凝重和科技感。

如图 7.16 所示，这是一款可自由拆装组合的插板设计，利用直面与斜面的组合，可以生成不同的造型。

图 7.15 电水壶

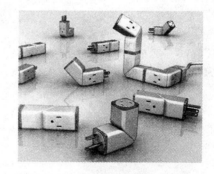

图 7.16 插座

2. 可用性

"可用性"这个词表示一个产品的质量或属性，即符合使用人们的需要，允许他们工作或娱乐，通过它可以实现他们自身的用途，而且很适合使用。

如图 7.17 所示，这是一款便携式冰箱，采用软性材料，不仅能保温，还方便移动，很适合使用。

图 7.17 便携式冰箱

从宏观的角度来看，设计程序基本遵循着：

问题探求概念化－概念创建系统化－系统创新视觉化－视觉设计商品化的内在逻辑展开。

在这个逻辑顺序展开的过程中，信息的搜集范围逐渐由宏观流向微观直至锁定在每个细节问题的解决。设计师的思维也在逐渐由模糊的概念转为清晰的形态，最终物化为现实之物。一个好的设计程序就是一个动态的方法论系统。其本身的生成亦是一种设计。

参 考 文 献

[1] 何人可. 工业设计史[M]. 北京：高等教育出版社，2010.

[2] 王受之. 世界现代设计史[M]. 北京：中国青年出版社，2002.

[3] 王明旨. 产品设计[M]. 杭州：中国美术学院出版社，2004.

[4] 陈震邦. 工业产品造型设计[M]. 镇江：江苏大学出版社，2004.

[5] 尹定邦. 设计系概论[M]. 修订版. 长沙：湖南科学技术出版社，2010.

[6] 许平，潘林. 绿色设计[M]. 南京：江苏美术出版社，2001.

[7] 黄劲松. 工业设计基础[M]. 武汉：武汉大学出版社，2010.

[8] 崔天剑，李鹏. 产品形态设计[M]. 南京：江苏美术出版社，2007.

[9] 彭吉象. 艺术学概论[M]. 北京：北京大学出版社，2006.

[10] 郑建启，李翔. 设计方法学[M]. 北京：清华大学出版社，2006.

[11] 张昌福. 现代设计概论[M]. 武汉：华中科技大学出版社，2007.

[12] 陈国强. 产品设计程序与方法[M]. 北京：机械工业出版社，2011.

参考文献

[1] ...
[2] ...
[3] ...
[4] ...
[5] ...
[6] ...
[7] ...
[8] ...
[9] ...
[10] ...
[11] ...
[12] ...